Hemp yarn bag Collection

Hemp yarn bag Collection

Hemp yarn bag Collection

Hemp yarn bag Collection

原味風格 一日完成·自然色時尚麻編包

CONTENTS

鉤織基本知識

〔 本書使用方法 〕

●P.14至40相關標示

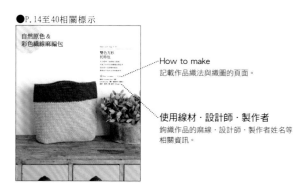

How to make
記載作品織法與織圖的頁面。

使用線材‧設計師‧製作者
鉤織作品的麻線‧設計師‧製作者姓名等
相關資訊。

●P.41至79相關標示

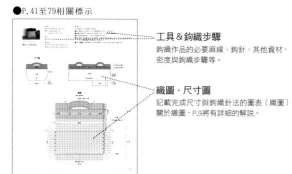

工具＆鉤織步驟
鉤織作品的必要麻線、鉤針、其他資材，
密度與鉤織步驟等。

織圖‧尺寸圖
記載完成尺寸與鉤織針法的圖表（織圖）。
關於織圖，P.9將有詳細的解說。

自然原色&
彩色織線麻編包

簡單素雅的
自然原色麻編包

異材質提把麻編包

小巧可愛的麻編波奇包

十分推薦給鉤織初學者！
約莫一個工作天就能完成的
手織包包大集合！

鉤織基本知識

鉤織麻編包前，先來了解線材與鉤針等必要用品、基本技巧，與針目記號等鉤針編織的基本知識吧！

關於麻線

兼具自然風情的色澤與卓越質感的麻線，不只適用於打包綑綁，亦經常作為織物或包裝禮物等用途。本書中刊載的作品，皆使用Crochet Jute（藤久株式會社）麻線進行鉤織，除自然原色麻線之外，還使用白、紅、藍等繽紛多彩的麻線完成更洗練、更有設計感的包包。

● 本書使用麻線

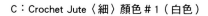

A：Crochet Jute〈粗〉
＊約50m／1球
＊指定外纖維（黃麻）100%
＊10/0號至8mm巨大鉤針

B：Crochet Jute〈細〉
＊約100m／1球
＊指定外纖維（黃麻）100%
＊8/0號至9/0號鉤針

C：Crochet Jute〈細〉顏色＃1（白色）
D：Crochet Jute〈細〉顏色＃2（粉紅色）
E：Crochet Jute〈細〉顏色＃3（藍色）
F：Crochet Jute〈細〉顏色＃4（胭脂紅）
G：Crochet Jute〈細〉顏色＃5（綠色）
H：Crochet Jute〈細〉顏色＃6（靛色）
I：Crochet Jute〈細〉顏色＃7（黑色）

＊共7色。 ＊約35m／1球 ＊指定外纖維（黃麻）100% ＊8/0至9/0號鉤針

● 取出線頭的方法

❶手指伸入線球中心，找出線頭。

❷捏住線頭後拉出。

● 掛線方法

❶如圖示在左手掛線。

❷立起食指，以中指與拇指捏住織線固定。

關於鉤針

本書收錄作品皆使用針尖呈鉤狀的「鉤針」進行編織。依據使用的麻線種類與鉤織作品類型，分別使用不同針號的鉤針吧！

●本書使用鉤針

鉤針（原寸）	號數
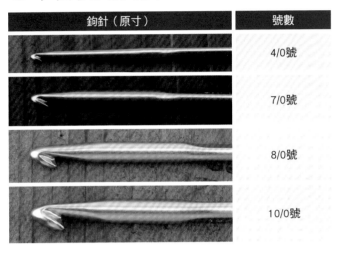	4/0號
	7/0號
	8/0號
	10/0號

●鉤針拿法

如圖示握鉛筆似地拿著鉤針。

便利工具

以下皆是進行綴縫拼接織片、處理線頭、測量尺寸等，可以更方便製作鉤織作品的工具。

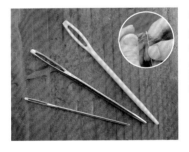

毛線針

綴縫織片或處理線頭時使用。將縫線對摺後穿過針孔，以指尖拉出，即完成毛線針的穿針引線。配合線材粗細，分別選用適合的毛線針吧！

捲尺

測量作品、織片尺寸或線長等情況時使用。無論是要測量直線或曲線狀的物品都很便利。測量較短的物品時，建議使用直尺即可。

剪刀

剪線時使用。即使沒有專用剪刀也無妨，能夠剪斷線材就OK。使用刀尖較細，刀刃銳利的剪刀，即可將線頭修剪得整齊美觀。

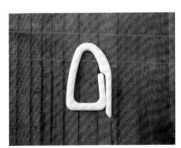

段數記號圈

鉤織作品過程中加裝於織片上，以便清楚標示段數的小道具。加在鉤織完成的織段上。

基本針法&針目記號

本單元將介紹鉤針編織的基本針法與針目記號。學會基本針法後，就能廣泛運用於各種鉤織作品。

輪狀起針

❶織線由內往外在食指上繞2圈，作出線圈（輪）。

❷將鉤針穿入線圈，如圖掛線後，依箭頭指示鉤出織線。

❸如圖示在鉤針上掛線，依箭頭指示鉤出織線，鉤織立起針的鎖針。

❹鉤針穿入線圈，掛線後鉤出織線，鉤針再次掛線，依箭頭指示鉤出織線，鉤織1針短針。

❺鉤織必要針數後，拉動線頭，接著改拉連動的線圈，收緊第一個線圈。

❻再次拉動線頭，收緊另一個線圈。

❼鉤針穿入第1針短針，掛線後鉤織引拔針。

❽完成第1段。

鎖針接合成圈的輪狀起針

❶鉤織必要針數的鎖針後，鉤針穿入第一個針目。

❷鉤針掛線後引拔。

❸鉤織立起針的鎖針。

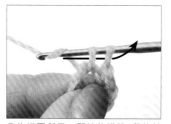

❹依織圖所示，開始鉤織第1段的針目。

⬭ 鎖針

❶鉤針靠在織線外側，依箭頭指示旋轉1圈。

❷左手手指捏住織線交叉的部分，鉤針掛線後，依箭頭指示鉤出織線。

❸鉤針再次掛線，依箭頭指示鉤出織線。

❹重複步驟❸的動作進行鉤織。

☒ 短針

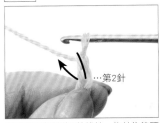

❶跳過立起針的1針鎖針,鉤針依箭頭指示,穿入第2個針目。

❷鉤針掛線,依箭頭指示鉤出織線。

❸鉤針再次掛線後,一次引拔2個針目。

❹完成1針短針。

⊤ 中長針

❶鉤針掛線,跳過立起針的3針鎖針,穿入第4個針目。

❷鉤針掛線,依箭頭指示鉤出織線。

❸鉤針再次掛線,一次引拔針上3個針目。

❹完成1針中長針。

⊤ 長針

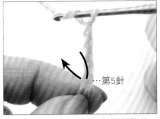

❶鉤針掛線,跳過立起針的4針鎖針,穿入第5個針目。

❷鉤針掛線,依箭頭指示鉤出織線。

❸鉤針再次掛線,依箭頭指示,僅引拔前2個針目。

❹鉤針再次掛線,依箭頭指示,引拔餘下2個針目。

☒ 2短針加針

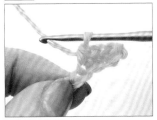

❶鉤織1針短針。

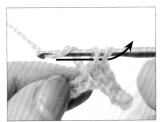

❷在同一個針目挑針,再鉤織1針短針後,一次引拔2個針目。

⋀ 2短針併針

❶鉤織2針未完成的短針。

❷鉤針掛線,一次引拔針上3個針目。

※未完成的短針……指鉤織短針時,最後一次引拔針上線圈前的狀態。

▽ 2長針加針

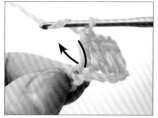

❶鉤織1針長針，接著鉤針掛線，穿入同一個針目。

❷掛線鉤出，接著同樣鉤織1針長針。

● 引拔針

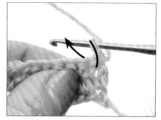

❶鉤針穿入前段針目。

❷鉤針掛線，依箭頭指示鉤出織線。

⌉⌡ 表引長針

❶鉤針在正面橫向穿入前段長針的針腳。

❷鉤織1針長針。

✕ 筋編

❶鉤針穿入前段針目的外側1條線。

❷鉤織短針。

⌀ 3中長針的玉針

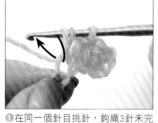

❶在同一個針目挑針，鉤織3針未完成的中長針。

❷鉤針掛線，一次引拔針上所有針目。

❸完成一針3中長針的玉針。

換線・換色方法

在該段鉤織終點的最後一次引拔時，鉤針改掛新線，再依箭頭指示引拔。

捲針縫接合

❶兩織片對齊，毛線針穿入第1針的半針。

❷拉出縫線，接著將縫針穿入下一個針目，拉緊縫線。重複以上動作縫合至最後。

收針藏線（使用毛線針）

❶線頭穿入毛線針，毛線針穿過織片背面的針目後穿出。

❷重複步驟❶動作數次，最後調頭回縫一次，剪線。

關於織圖＆密度

此為P.41起，作法頁刊載的織圖與密度相關說明。

●織圖說明

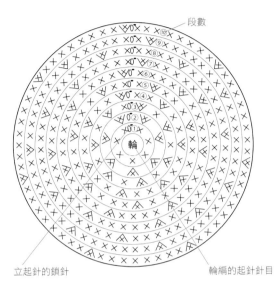

段數

立起針的鎖針

輪編的起針針目

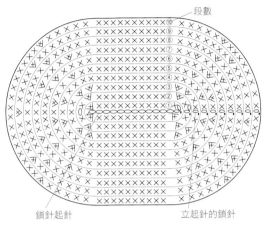

段數

鎖針起針　　　立起針的鎖針

「鎖針起針的輪編」織圖

在起針的鎖針針目上鉤織短針等，進行輪狀編織。如同輪狀起針後的鉤織方式，也是看著織片正面，由中心開始，以逆時鐘的方向一圈圈鉤織針目。
※鎖針起針進行輪編的鉤織方法請參照P.10。

「輪狀起針開始鉤織」織圖

進行輪編時，通常是看著織片正面，且每一段都朝著相同方向鉤織。輪狀起針後，由中心開始，以逆時鐘的方向一圈圈鉤織針目。
※輪狀起針後的鉤織方法請參照P.10。

 表示接線的記號

表示剪線的記號

立起針的鎖針
段數

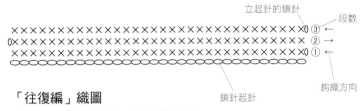

鎖針起針
鉤織方向

「往復編」織圖

每鉤織一段就將織片翻面，交互看著織片正面與背面鉤織針目。
※往復編的鉤織方法請參照P.11。

●密度說明

何謂密度

密度是在鉤織作品的10cm正方形織片內，計算其中的段數與針數，作為實際鉤織的大致基準。若希望完成與織圖相同尺寸的作品，那就先鉤織該花樣織片，計算段數與針數，確定密度後再動手吧！方法是先鉤織15至20cm的正方形織片，以熨斗燙平後，算出織片中央10×10cm範圍內的段數與針數。

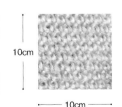

10cm

10cm

密度的算法

首先計算1cm的段數，針數，例如：指定密度為「短針13針14段＝10cm正方形」，那麼，針數1.3針＝1cm，段數1.4段＝1cm。接著將該數字乘以作品的完成尺寸，即可算出整體的段數與針數，例如：完成尺寸為寬35.5cm高27cm，那麼，寬35.5×1.3針＝46.15針，高27cm×1.4段＝37.8cm段，即可得知鉤織作品需46針38段（小數點以下四捨五入）。算出密度後，若針數多於指定密度時，請改用較粗的鉤針；針數較少時，則改以較細的鉤針來進行鉤織吧！

⁅ 包包的基本鉤織方法 ⁆

鉤織包包時，基本上是依袋底、袋身、提把的順序鉤織。學會各種形狀的包包織法後，不妨試著織出充滿個人風格的原創包包吧！

● 袋底織法

袋底織法會因為包包形狀而有所不同。正圓與橢圓包進行輪編，方形包則是以往復編鉤織完成。

正圓袋底的織法（輪狀起針接著鉤織短針）

❶輪狀起針後，鉤織第1段（參照P.6「輪狀起針」）。

❷鉤織第2段。首先鉤織立起針的1針鎖針，再將鉤針穿入前段短針的針頭。

❸鉤織1針短針後，鉤針再次穿入同一個針目。

❹再鉤織1針短針，以「2短針加針」的要領進行加針。

❺以「2短針加針」的要領鉤織必要針數後，鉤織引拔針。

❻完成第2段。

❼第3段之後同樣依織圖所示，一邊鉤織針目一邊加針。

❽完成正圓形的袋底。

橢圓袋底的織法（鎖針起針後鉤織短針進行輪編）

❶鉤織必要針數的鎖針後，鉤織1針立起針的鎖針。

···立起針的1針鎖針

❷在起針的鎖針上鉤織相同數目的短針後，鉤針再次穿入邊端針目。

❸在邊端針目織入另外2針短針（加針）。

❹旋轉織片，在鎖針的另一側挑針，同樣鉤織短針。

❺完成所有短針後，挑第1針短針鉤織引拔針。

❻完成第1段。

❼第2段之後同樣依織圖所示，一邊鉤織針目一邊加針。

❽完成橢圓形袋底。

四方形袋底的織法（以往復編鉤織短針）

❶鎖針起針，鉤織必要針數的短針，完成第1段。

❷鉤織第2段。首先鉤織立起針的1針鎖針。

立起針的鎖針

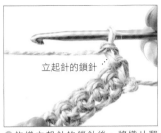

❸鉤織立起針的鎖針後，將織片翻面。

立起針的鎖針

❹在前段針目挑針，鉤織必要針數的短針。

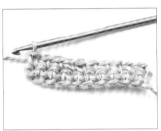

❺完成第2段。

❻第3段以後，同樣在鉤織立起針的鎖針後將織片翻面，鉤織短針。

❼完成四方形袋底。

●袋身織法

袋身鉤織起點的織法會依袋底形狀而有所不同。基本上，正圓形與橢圓形同袋底一樣，直接進行輪編；四方形則是在袋底針目與段上挑針後進行輪編。袋身鉤織完成後先不剪線，暫休針。

袋底為正圓·橢圓形時的袋身織法

直接沿袋底繼續鉤織袋身，同樣依織圖進行輪編。

袋底為四方形時的袋身織法

❶完成袋底後，鉤織立起針的鎖針。

立起針的鎖針

❷一邊在袋底的最終段目挑針，鉤織短針至邊端為止。

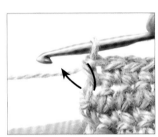

❸鉤針在同一針目鉤織2針短針（加針）後，完成四方形的邊角。

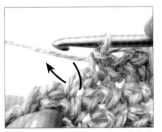

❹織段部分的挑針，則是在短針的針腳挑束鉤織。

❺進行至鎖針起針的部分時，是挑鎖針半針鉤織針目。

❻鉤織一整圈後，在第一針挑針鉤引拔針。

提把織法

提把的作法大致分成直接從本體接續鉤織，以及另外鉤織提把，再組裝於本體上的方式。

完成本體後接續鉤織提把

※如P.29「花樣編肩背包」，從本體兩側接續鉤織提把，收針段進行捲針縫接合的方式。

❶鉤完袋身本體後不剪線，接續以往復編鉤織必要段數，完成提把。

❷提把鉤織完成後，使用毛線針進行捲針縫，將收針段縫於本體另一側的袋口邊端。

在本體途中鉤織鎖針形成提把開口

※如P.15「方形午餐托特包」、P.31「方眼編四角手袋」等，即使鉤織提把孔洞段也無需加減針就能完成的方式。

❶在鉤織本體袋身途中，於提把位置鉤織必要針數的鎖針，這部分就會成為提把開口。

❷鉤織必要針數的鎖針後，跳過前段的針目，再繼續以短針鉤織本體。下一段也是在鎖針上挑針，鉤織短針。

從本體接續作出提把基底

※如P.17「長針交叉鏤空花樣包」，不減針直接鉤織鎖針作為提把基底的方式。

❶在本體袋身最終段的指定位置，鉤織2短針併針（減針）。

❷接續鉤織必要針數的鎖針。這就是提把基底。

❸鎖針鉤織完成後，依織圖跳過前段針目，在本體袋身最終段的指定位置鉤織2短針併針（減針）。

❹繼續鉤織袋身。至袋身另一側的指定位置，以相同方式鉤織提把的鎖針基底。

❺下一段鉤至提把時，在鎖針基底上挑針鉤織短針。

❻鉤至提把終點，回到本體袋身後，沿袋口鉤織一圈引拔針。

袋身休針改以別線鉤織提把基底

※如P.30「引拔針裝飾線的日常托特包」等，鉤織本體的織線暫休針，以別線鉤織提把鎖針基底的方式。

❶鉤織袋身的織線暫休針，在指定位置接上別線，鉤織必要針數的鎖針，作出提把基底，在前段鉤引拔針接合固定。

❷以暫休針的袋身織線接續鉤織袋身與提把外側。提把內側則是在指定位置接線鉤織。

另外鉤織提把再組合

※如P.14「雙色方形托特包」等，本體與提把分別鉤織完成，最後才將提把縫於本體，完成包包的方式。

❶依織圖鉤織2條提把。

❷以毛線針縫合提把，固定於本體的指定位置。

麻編包的變化組合

本書中不只收錄了自然原色麻線鉤織的包包，還包括使用彩色麻線增添色彩、縫上蕾絲或花樣織片加以裝飾、安裝異材質提把等，款式變化更加多元的麻編包。請以喜愛的色彩、素材、織片，構成更富於變化的組合。

● 運用彩色麻線

使用紅、白、藍等彩色麻線，即可享受編織中的配色樂趣，或鉤織條紋、織入花樣等，作出更多樣式，完成設計性更高的麻編包。除了使用彩色麻線，混搭細毛線亦能營造不同的色彩變化。

● 加上裝飾

完成麻編包之後，縫上手織蕾絲、蝴蝶結、花樣織片，或加上絨球、穗飾流蘇、袋口翻領花樣等裝飾，會讓整個手織包的氛圍大不相同。此外，亦可加裝釦帶、綁繩，不但外型洗練，亦方便扣合，成為更加實用的麻編包。

● 使用異材質提把

以麻線鉤織本體袋身之後，不妨安裝皮革、竹製、金屬等異材質提把增加變化，藉此提升麻編包的完成度。只要將提把縫在本體的最終段，或以織片包覆固定即可，作法相當簡單。而麻線編織的提把亦可使用布條或皮革包覆，進行補強，不但能延長使用壽命，外型也顯得更加時尚。

● 作成手拿包或波奇包

除了鉤織大型包款，也可以麻線鉤織手拿包、波奇包等，作出風格獨特的隨身小包。手拿包最適合當作零錢包或手機包等，波奇包則適合收納化妝品之類的小物，短時間就能鉤織完成，十分推薦初學者製作。

自然原色 &
彩色織線麻編包

Hemp yarn bag * 01

雙色方形
托特包

大小適中,收納能力超強,
可放入B5尺寸的書籍或筆記本。
設計感十足的雙色組合,
最適合作為外出用的隨身包。

🔒 How to make … P.41

線材／Crochet Jute〈細〉
Crochet Jute〈細〉色號#6〈靛色〉
設計・製作／奧 鈴奈（R*oom）

4

Hemp yarn bag * 02

方形午餐托特包

剛剛好適合當作便當袋，或居家附近外出時使用的尺寸。
以往復編鉤織的袋底堅固耐用，加上緣編的袋身硬挺有型。
在正面一角多花些心思織入了十字圖案，讓成品更顯優雅時尚。

 How to make … P.42

線材／Crochet Jute〈細〉·Crochet Jute〈細〉色號#1（白色）　設計·製作／amy（&Compath）

Hemp yarn bag ＊ 03

單提把迷你包

以紅色提把構成裝飾重點的迷你包。
勾起手臂就能挽著的單提把設計，
請以喜愛的顏色作出不同的變化組合吧！

How to make … P.44

線材／Crochet Jute〈細〉
Crochet Jute〈細〉色號＃4（胭脂紅）
設計・製作／松本明美（la chochette）

Hemp yarn bag * 04

長針交叉鏤空花樣包

圓形袋底，可以裝入大量物品的便利大包。
袋身上的長針交叉鏤空花樣看似複雜，其實滿簡單。
改變配色就能夠織出截然不同的氛圍。

How to make … P.45

線材／Crochet Jute〈細〉・Crochet Jute〈細〉色號#4（胭脂紅）　設計・製作／宮川和美（Sachi）

雙色方形
迷你托特包

方形袋底，使用方便的小型托特包。
自然原色的袋底與提把，溫潤的白色袋身，
令人不禁想在春夏之際帶出門，
是款配色清新、外形簡約的設計。

How to make … P.46

線材／Crochet Jute〈細〉
Crochet Jute〈細〉色號#1（白色）
設計・製作／釘宮啓子

Hemp yarn bag * 06

甜美可愛的圓形包

渾圓的輪廓為最大特徵。
別鎖起針再接線挑針，與眾不同的織法形成圓潤外形。
袋底以亮麗的粉紅色線鉤織，呈現甜美可愛氣息。

 How to make … P.47

線材／Crochet Jute〈細〉・Crochet Jute〈細〉色號#2（粉紅色）　設計／トヨヒデカンナ　製作／佐伯 文

Hemp yarn bag ＊ 07

···

簡單素雅的橫紋大托特包

郊遊野餐或小旅行就是它活躍的時刻，
能夠容納大量物品的托特包。
尺寸較大需要多花些時間，但全部皆以短針鉤織，其實很簡單。

 How to make … P.48

線材／Crochet Jute〈細〉·Crochet Jute〈細〉色號#6（靛色） 設計·製作／一明真希

Hemp yarn bag * 08

圓角裝飾雙色提包

原色與黑色交織出鮮明對比，
設計簡單素雅的托特包。
提把與袋身一體成形，顯得清爽俐落。
袋底四角綴縫圓形裝飾，風格更加時尚。

How to make … P.50
線材／Crochet Jute〈細〉
Crochet Jute〈細〉色號 #7（黑色）
設計・製作／Ronique（ロニーク）

Hemp yarn bag * 09

大蝴蝶結托特包

自然原色袋身襯托著藍色大蝴蝶結的裝飾重點。
無論是作為才藝課書包或逛街購物，
大人小孩都能樂在其中的包包。

 How to make … P.52

線材／Crochet Jute〈細〉‧Crochet Jute〈細〉色號#3（藍色）　設計‧製作／桜井 茜

直條紋水桶包

超大容量的水桶包。
看起來很困難的直條花紋，
只要改變方向即可輕鬆鉤織。
提把則是以輪編一圈圈織成筒狀。

How to make … P.51

線材／Crochet Jute〈細〉
Crochet Jute〈細〉色號#5（綠色）
設計／eccomin　製作／池上 舞

Hemp yarn bag * 11

艾倫花樣風手拿包

從休閒穿搭到正式場合皆適用，
運用範圍十分廣泛的艾倫花樣風手拿包。
以黑色麻線織出大人風味，
並且鉤織長針的引上針作出菱格紋。

 How to make … P.54

線材／Crochet Jute〈細〉・Crochet Jute〈細〉色號#7（黑色）　設計・製作／amitagirl ＊ chiiiko

Hemp yarn bag ＊ 12

彩織袋蓋
提籃包

造型簡單素雅的自然原色麻編包，
加上彩色織片構成的袋蓋，
就像穿上漂亮衣裳般，
華麗感大幅躍升。
不妨製作不同顏色的袋蓋，
盡情享受變裝樂趣。

How to make … P.56

線材／Crochet Jute〈粗〉·
Crochet Jute〈細〉色號#4（胭脂紅）
Crochet Jute〈細〉色號#5（綠色）
設計·製作／
吉田裕美子（編み物屋さん［ゆとまゆ］）

25

Hemp yarn bag * 13

繽紛橫紋小肩包

以5種顏色鉤織成最適合夏天的橫紋小肩包。
組合小花裝飾釦帶更添甜美可愛的氛圍。
是一款能夠大大提升外出樂趣的單品。

 How to make … P.55

線材／Crochet Jute〈細〉‧Crochet Jute〈細〉色號#6（靛色）‧Crochet Jute〈細〉色號#4（胭脂紅）‧
Crochet Jute〈細〉色號#1（白色）‧Crochet Jute〈細〉色號#5（綠色）　設計‧製作／工房あ～る

Hemp yarn bag ＊ 14

女孩兒的
斜背郵差包

宛如郵差先生使用的斜背肩背包。
袋口安裝磁釦，可隨意打開扣合，
肩背帶部分亦可自由調整長度。

 How to make … P.58

線材／Crochet Jute〈細〉
Crochet Jute〈細〉色號＃4（胭脂紅）
設計・製作／amy（&compath）

Hemp yarn bag * 15

亮彩小圓提包

小巧圓潤的麻編包，可裝入雜貨、作為室內裝飾欣賞。
製作數個不同顏色的包包，只是並排掛在一起就很可愛。
使用顏色飽和的彩色麻線編織，足以成為時尚穿搭的配色亮點。

 How to make … P.60

線材／Crochet Jute〈細〉色號#2（粉紅色）・Crochet Jute〈細〉色號#3（藍色）
Crochet Jute〈細〉色號#5（綠色）　設計・製作／amy（&compath）

花樣編肩背包

宛如雞蛋般渾圓可愛的外型，
以及順手好拿又方便的單提把設計。
使用短針與簡單的花樣編鉤織，
十分推薦初學者製作。

How to make … P.62

線材／Crochet Jute〈細〉色號#6（靛色）
設計・製作／釘宮啓子

簡單素雅的
自然原色麻編包

引拔針裝飾線的日常托特包

圓滾滾的外形親切可愛，最適合作為日常使用的小型托特包。
沿袋口與提把織入引拔針，成為素雅包包的裝飾重點。

How to make … P.61

線材／Crochet Jute〈細〉
設計・製作／奧 鈴奈（R•oom）

圓形
馬爾歇包

看似小巧卻能收納許多物品的
圓底馬爾歇包。
只是加入一小部分中長針,
讓織片呈現出不一樣的變化,
就展現出更加甜美的風情。

How to make … P.64

線材／Crochet Jute〈細〉
設計·製作／amy(&compath)

方眼編
四角手袋

帶來清涼感氣息的方眼編織片。
推薦前往海邊等夏日活動時使用。
請放入喜愛的布袋作為內袋,
享受各異其趣的風情。

How to make … P.65

線材／Crochet Jute〈粗〉
設計／eccomin　製作／池上 舞

Hemp yarn bag * 20

蝴蝶結背帶包

不採用一般的輪編方式，
而是以往復編直線鉤織的肩背包。
即使是中規中矩的簡約款式，
一旦加上蝴蝶結就大幅提昇了可愛度。
亦可改以不同顏色鉤織蝴蝶結等，
享受組合色彩的搭配樂趣。

How to make … P.66

線材／Crochet Jute〈細〉
設計・製作／amitagirl * chiiiko

Hemp yarn bag * 21

翻領裝飾的自然原色小提包

臨時稍微外出也適用，充滿大人風格的翻領裝飾包。
以粗麻線鉤織而成的袋身硬挺有型，
翻領裝飾與提把則以細線織出柔美氛圍。

How to make … P.68

線材／Crochet Jute〈粗〉‧Crochet Jute〈細〉　設計‧製作／吉田裕美子〔編み物屋さん〔ゆとまゆ〕〕

優雅簡約的
松編托特包

由短針與松編組合而成的花樣編，
構成了小巧卻存在感十足的時尚麻編包。
一體成型的袋身與提把，
讓整體更加堅固耐用。

How to make … P.67

線材／Crochet Jute〈細〉
設計・製作／工房あ〜る

玉針花樣的
迷你馬爾歇包

出門買點東西時也十分方便的小型馬爾歇包。
以渾圓飽滿的玉針花樣營造甜美可愛氛圍。
質樸的自然原色，百搭各式穿著風格。

How to make … P.70

線材／Crochet Jute〈細〉　設計‧製作／釘宮啓子

異材質提把
麻編包

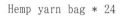

Hemp yarn bag * 24

蕾絲口袋
直長方托特包

以花樣編鉤織A4尺寸的直長方托特包。
加上手織蕾絲般的織片而更顯優雅。
兩面都組合了口袋,
麻線編織的鈕釦亦是裝飾重點。

How to make … P.72

線材／Crochet Jute〈細〉
Crochet Jute〈細〉色號#5(綠色)
設計・製作／
吉田裕美子(編み物屋さん[ゆとまゆ])

Hemp yarn bag * 25

蕾絲織片托特包

以筋編鉤織的包包主體,加上白色蕾絲織片,
完成充滿夏季清爽氛圍的麻編包。
約莫B5的略小尺寸,感覺也挺可愛的。

How to make … P.73

線材╱Crochet Jute〈細〉‧Crochet Jute〈細〉色號#1(白色)　設計‧製作╱工房あ～る

Hemp yarn bag * 26

圖騰風竹節手提包

以竹節提把＆織入花樣為重點的特色包款。
即使本體並非鏤空卻依然令人感到輕巧的設計，
可廣泛用於搭配任何穿著打扮的麻編包。

 How to make … P.74

線材／Crochet Jute〈細〉・Crochet Jute〈細〉色號#6〈靛色〉　設計・製作／Ronique（ロニーク）

黑白雙色小肩包

以黑白色調統一色彩，
簡約時尚的小肩包。
斜紋花樣＆素色織片，
一次品味兩種構成的雙色包。
斜紋圖案看起來很困難，
織法其實意外的簡單。

🔒 How to make … P.76

線材／Crochet Jute〈細〉
Crochet Jute〈細〉色號#7（黑色）
設計／トヨヒデカンナ　製作／佐伯 文

鏤空窗格
馬爾歇包

宛如開了小窗口似的方形鏤空，
透出一絲可愛的麻編包。
鏤空窗口部分為往復編，
其他皆以輪編鉤織短針，
因此織法十分簡單。
提把表面以布條包覆纏繞，
觸感更舒適順手。

🔒 How to make … P.77

線材／Crochet Jute〈細〉
設計／トヨヒデカンナ　製作／佐伯 文

小巧可愛的
麻編波奇包

Hemp yarn bag * 29

圓點織片
自然風波奇包

在素雅的自然原色波奇包上，
以圓形織片作為裝飾重點。
將其中一列織片改換成其他顏色，
構成更時髦亮眼的設計。

How to make … P.78

線材／Crochet Jute〈細〉
Crochet Jute〈細〉色號#1（白色）
設計／トヨヒデカンナ　製作／佐伯 文

Hemp yarn bag * 30

流蘇墜飾
船形波奇包

加裝拉鍊，機能性絕佳的波奇包，
最適合收納化妝品與貼身小物。
洋溢女孩氣息的粉紅色與流蘇墜飾為最
大亮點。僅以單色鉤織或許也很可愛。

How to make … P.79

線材／Crochet Jute〈細〉
Crochet Jute〈細〉色號#2（粉紅色）
設計・製作／eccomin

Hemp yarn bag * 01

雙色方形托特包

>>> P. 14

◉ 線材
A線＝Crochet Jute〈細〉2球
B線＝Crochet Jute〈細〉
　　　　色號#6（靛色）2球

◉ 針
8/0 號鉤針

◉ 密度
袋底＝短針13針14段＝10cm正方形
袋身＝短針12針15段＝10cm正方形

◉ 織法
取1條織線，皆以8/0號鉤針鉤織。
❶取A線鎖針起針30針，以往復編鉤織12段短針，完成袋底。
❷接續鉤織袋身，在袋底針目與織段上挑針，不加減針鉤織28段。
❸改以B線繼續鉤織，不加減針鉤織8段後暫休針。
❹另取B線，依織圖在指定位置接線，鉤織提把基底的鎖針15針，在指定處鉤引拔針固定。另一側同樣織15針鎖針後，鉤引拔針。
❺以步驟❸暫休針的B線不加減針鉤織3段，最後以引拔針鉤織一圈即完成。

尺寸圖

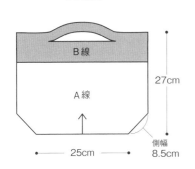

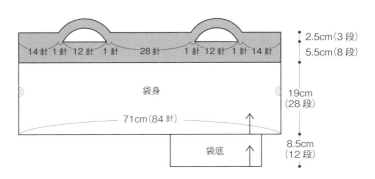

織圖

8/0 號鉤針

〈提把〉鎖針 15 針

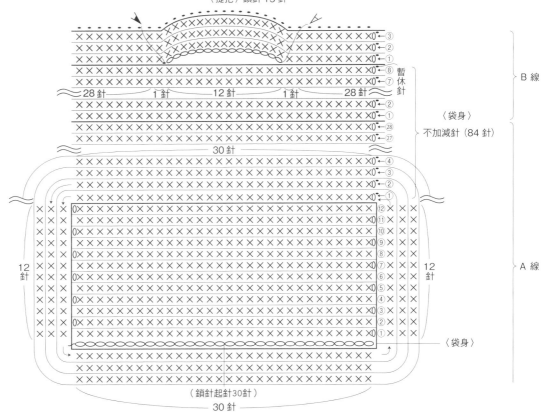

方形午餐托特包

>>> P.15

◉ 線材
A線＝Crochet Jute〈細〉2球
B線＝Crochet Jute〈細〉
　　　　色號＃1（白色）0.5球

◉ 針
8/0 號鉤針

◉ 密度
短針12針13.5段＝10cm正方形

◉ 織法
取1條織線，皆以8/0號鉤針鉤織。
❶取A線鎖針起針15針，以往復編鉤織30段短針，完成袋底。剪線。
❷依織圖在指定位置接上A線，在袋底針目與織段上挑針，在四角加上4針鎖針，完成一段袋身的基底段。
❸繼續鉤織袋身。同樣在4角織入鎖針，以筋編鉤織第1段，以短針鉤第2至23段。第3至8段的十字圖案，依織圖改換B線鉤織。第20段依織圖鉤12針鎖針，作出2處提把開口。
❹接上A線進行緣編，在袋身的鎖針與袋底的織段上挑針，鉤織61針短針（緣編圖示①至③），沿袋口鉤織30針引拔針（圖④）。繼續著鉤織另一側，以相同方式鉤61針短針（圖⑤至⑦），再沿袋口鉤30針引拔針（圖⑧）。

尺寸圖

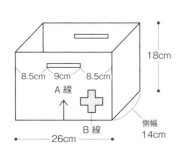

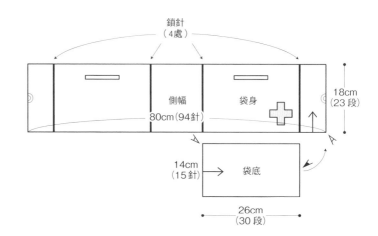

〈緣編〉

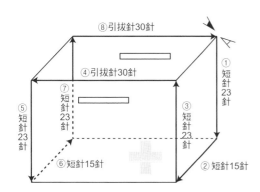

〈十字圖案織法〉

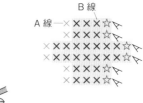

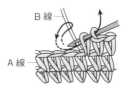

改換B線時，在鉤織☆號短針的最後，如左圖箭頭指示改換B線引拔針目，就會呈現漂亮的十字圖案。
換回A線時也以相同方式進行。

織圖　8/0 號鉤針

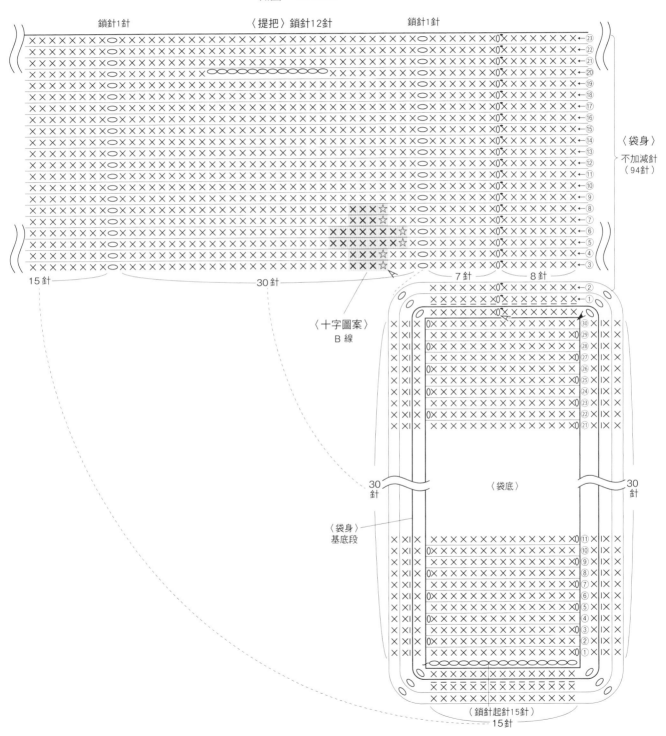

〈提把〉鎖針12針

鎖針1針　　　　　　　　　　　　　　　　　　　　　　鎖針1針

←㉓
←㉒
←㉑
←⑳
←⑲
←⑱
←⑰
←⑯
←⑮
←⑭
←⑬
←⑫
←⑪
←⑩
←⑨
←⑧
←⑦
←⑥
←⑤
←④
←③

〈袋身〉
不加減針
（94針）

15針　　　　　　　30針　　　　　　　7針　　　8針

〈十字圖案〉
B 線

←②
←①
㉚
㉙
㉘
㉗
㉖
㉕
㉔
㉓
㉒
㉑

30
針

30
針

〈袋底〉

〈袋身〉
基底段

⑪
⑩
⑨
⑧
⑦
⑥
⑤
④
③
②
①

（鎖針起針15針）
15針

Hemp yarn bag * 03
單提把迷你包
>>> P.16

● 線材
A線＝Crochet Jute〈細〉2球
B線＝Crochet Jute〈細〉
　　　色號＃4（胭脂紅）1.5球

● 針
8/0 號鉤針

● 密度
短針12針14段＝10cm正方形

● 織法
取1條織線，皆以8/0號鉤針鉤織。
❶ 取A線作輪狀起針，織入6針短針，依織圖加針鉤織12段，完成袋底。
❷ 接續鉤織22段袋身，改以B線鉤織2段後暫休針。
❸ 另取B線，依織圖在指定位置接線，鉤織提把基底的鎖針40針後，在指定處鉤引拔針固定。
❹ 以步驟❷暫休針的B線，沿半側提把與袋口鉤織2段短針，最終段鉤一圈引拔針。
❺ 依織圖在指定處接上B線，在另外半側的袋口與提把鉤2段短針，最終段同樣鉤一圈引拔針。

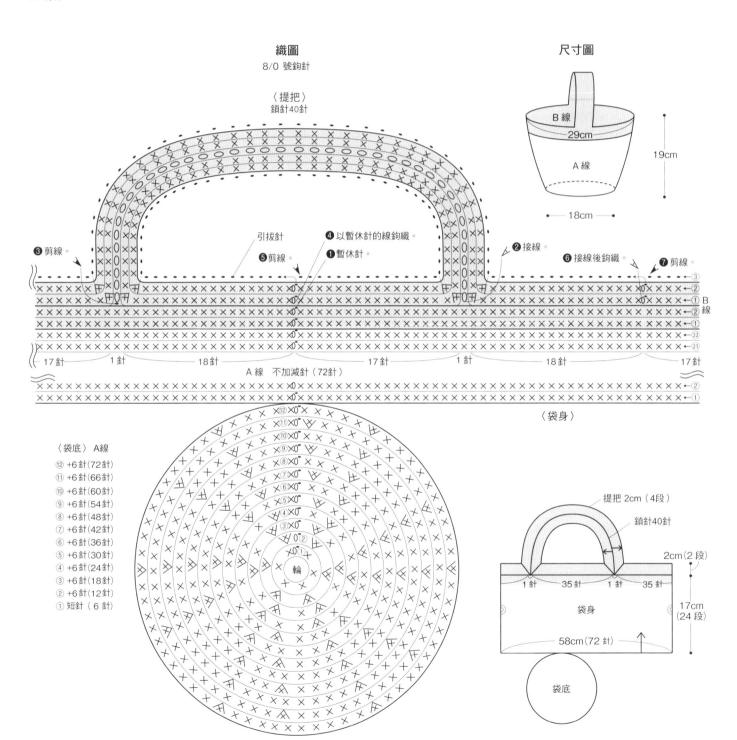

Hemp yarn bag * 04

長針交叉鏤空
花樣包

>>> P.17

◉ 線材
A線＝Crochet Jute〈細〉3球
B線＝Crochet Jute〈細〉
　　　色號＃4（胭脂紅）5球

◉ 針
8/0 號鉤針

◉ 密度
短針12針12段＝10cm正方形

◉ 織法
取1條織線，皆以8/0號鉤針鉤織。
❶取A線作輪狀起針，織入6針短針，依織圖加針鉤織15段，完成袋底。
❷繼續不加減針鉤織袋身至第26段。
❸第27段、29段、33段、35段改以B線鉤織長針的左上交叉，其他段全部以A線鉤織短針至第43段。
❹第44段鉤織14針短針後，接著鉤織提把基底的鎖針60針，跳過前段的17針後，繼續挑針鉤14針短針。以相同方式鉤織另一側。
❺第45段、46段依織圖減針，鉤織袋口與提把，最終段鉤一圈引拔針。提把內側也鉤一圈引拔針。

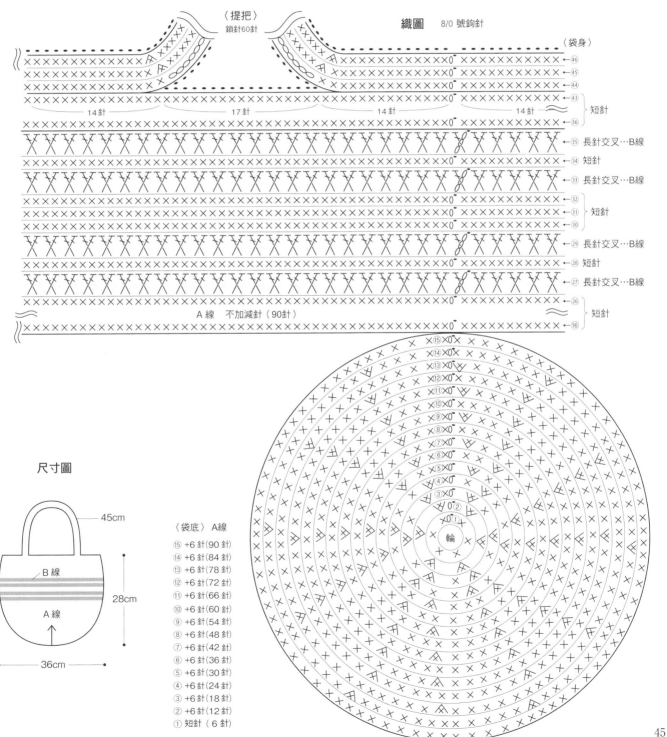

〈提把〉
鎖針60針

織圖　8/0 號鉤針

〈袋身〉

⑯ ⑮ ⑭ ⑬

14針　　17針　　14針　　14針

35 長針交叉…B線
34 短針
33 長針交叉…B線
32
31 短針
30
29 長針交叉…B線
28 短針
27 長針交叉…B線
26 短針

A 線　不加減針（90針）

⑯

尺寸圖

45cm

B 線

A 線

28cm

36cm

〈袋底〉A線
⑮ +6 針（90 針）
⑭ +6 針（84 針）
⑬ +6 針（78 針）
⑫ +6 針（72 針）
⑪ +6 針（66 針）
⑩ +6 針（60 針）
⑨ +6 針（54 針）
⑧ +6 針（48 針）
⑦ +6 針（42 針）
⑥ +6 針（36 針）
⑤ +6 針（30 針）
④ +6 針（24 針）
③ +6 針（18 針）
② +6 針（12 針）
① 短針 （6 針）

輪

Hemp yarn bag * 05

**雙色方形
迷你托特包**

>>> P.18

◉ 線材
A線＝Crochet Jute〈細〉1球
B線＝Crochet Jute〈細〉
　　　色號＃1（白色）3球

◉ 針
8/0 號鉤針

◉ 密度
短針13針14段＝10cm正方形

◉ 織法
取1條織線，皆以8/0號鉤針鉤織。
❶ 取A線鎖針起針9針，在鎖針上挑針進行輪編，以短針與鎖針鉤織28針。依織圖在4處
　織入鎖針進行加針，鉤至第9段，完成袋底。
❷ 接續鉤織袋身，完成7段短針之後，改以B線鉤織18段短針，第19段鉤逆短針。
❸ 取A線鉤織提把，鎖針起針40針，以輪編鉤織82針短針，第2段在兩端加針後，如圖
　示對摺。提把兩端各預留4cm，中間部分進行捲針縫。總共製作兩條。
❹ 將提把縫於本體的指定處。

尺寸圖

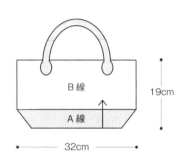

B線

A線

19cm

32cm

提把

3cm

34cm

袋身

64cm（84針）

14cm
（19 段）

5cm（7 段）

袋底

19cm

13cm

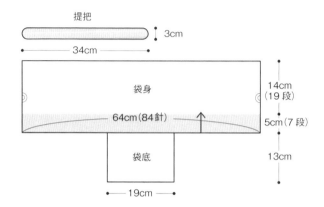

〈提把〉 A線 2條

（鎖針起針40針）　② +2 針（84針）
　　　　　　　　　① 短針（82針）

4cm　　　　　　　　　　　　4cm

對摺後挑內側半針，進行捲針縫。

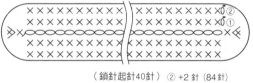

〈提把位置〉

縫合提把

11cm

7.5cm　　7.5cm

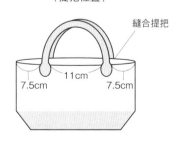

織圖　　8/0 號鉤針　　　　　　⋉ 逆短針

→⑲
←⑱
←⑰

〈袋身〉
不加減針（84針）

B 線

←②
←①

←⑦

←③
←②
←①

A 線

〈袋底〉
⑨ 不加減針
⑧ +8 針（84針）
⑦ +8 針（76針）
⑥ +8 針（68針）
⑤ +8 針（60針）
④ +8 針（52針）
③ +8 針（44針）
② +8 針（36針）
① 短針與鎖針（28針）

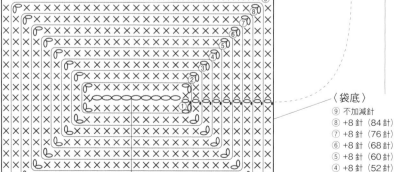

（鎖針起針9針）

46

Hemp yarn bag * 06

甜美可愛的
圓形包

>>> P.19

◉ 線材
A線＝Crochet Jute〈細〉2球
B線＝Crochet Jute〈細〉
　　　色號＃2（粉紅色）3球

◉ 針
7/0 號鉤針

◉ 密度
短針14針15段＝10cm正方形

◉ 織法
取1條織線，皆以7/0號鉤針鉤織。
❶取A線鉤織一片袋身，鎖針起針36針後剪線，接著在起針的第14針鎖針接A線，挑裡山針鉤織11針短針。
❷依織圖在起針的鎖針上挑針，以往復編鉤織短針至第12段為止。
❸不加減針鉤織第13至23段，第24至26段在兩端進行減針。
❹接續鉤織提把。先鉤織7針短針，以往復編一邊減針一邊鉤織4段後，鉤24針鎖針，接著在鎖針上以往復編鉤織4段短針，鉤織時在先前鉤織的針目上鉤引拔針，接合固定。
❺提把另一側依織圖在指定位置接上A線，鉤織7針短針，同樣以往復編一邊減針一邊鉤織4段。與先前鉤織完成的部分捲針縫接合。
❻依照步驟❶至❺，再鉤織一片本體袋身。
❼鉤織袋底，取B線鎖針起針2針，依織圖加針，以往復編鉤9段短針。第10至44段不加減針，第45至52段每段減1針。
❽將2片本體與袋底對齊，取B線以回針縫縫合。

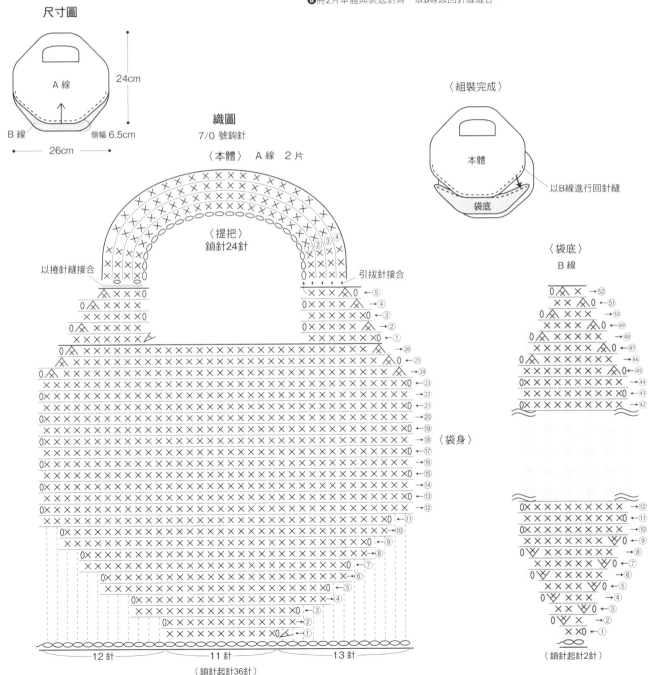

Hemp yarn bag * 07

簡單素雅的
橫紋大托特包

>>> P.20

◉ 線材
A線＝Crochet Jute〈細〉4球
B線＝Crochet Jute〈細〉
　　色號#6（靛色）3.5球

◉ 針
8/0 號鉤針

◉ 密度
本體＝短針12針14段＝10cm正方形
袋底＝短針13針15段＝10cm正方形

◉ 織法
取1條織線，皆以8/0號鉤針鉤織。
❶取A線鎖針起針50針，以往復編鉤織16段短針，完成袋底。
❷鉤織袋身，在袋底針目與織段上挑針，不加減針鉤46段。其中第14至16段、第19至21段、第24至26段改以B線鉤織。完成袋身後暫休針。
❸依織圖在指定處接上A線，鉤織提把基底的鎖針30針，在指定位置鉤引拔固定。另一側同樣鉤織30針鎖針後進行引拔。
❹依織圖在指定處接上A線，在提把內側鉤織1段短針，再鉤一圈引拔針。另一側提把內側以相同方式鉤織。
❺以步驟❷暫休針的A線，沿袋口與提把外側鉤織1段短針，接著再鉤一圈引拔針。

尺寸圖

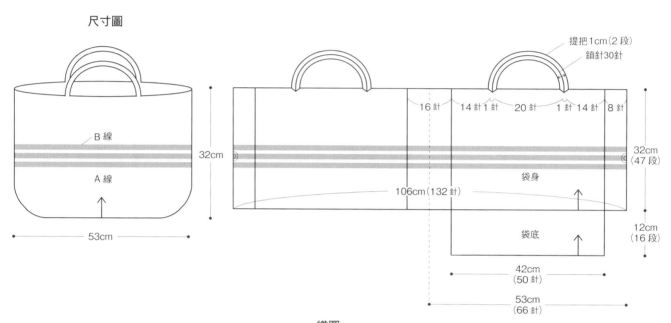

B 線
A 線

32cm

53cm

提把1cm（2 段）
鎖針30針

16 針　　14 針 1 針　　20 針　　1 針 14 針　8 針

32cm
（47 段）

106cm（132 針）

袋身

袋底

12cm
（16 段）

42cm
（50 針）

53cm
（66 針）

織圖
8/0 號鉤針

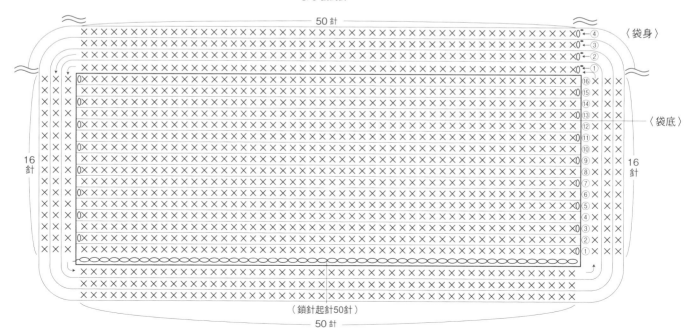

50 針

〈袋身〉

16
針

16
針

〈袋底〉

（鎖針起針50針）

50 針

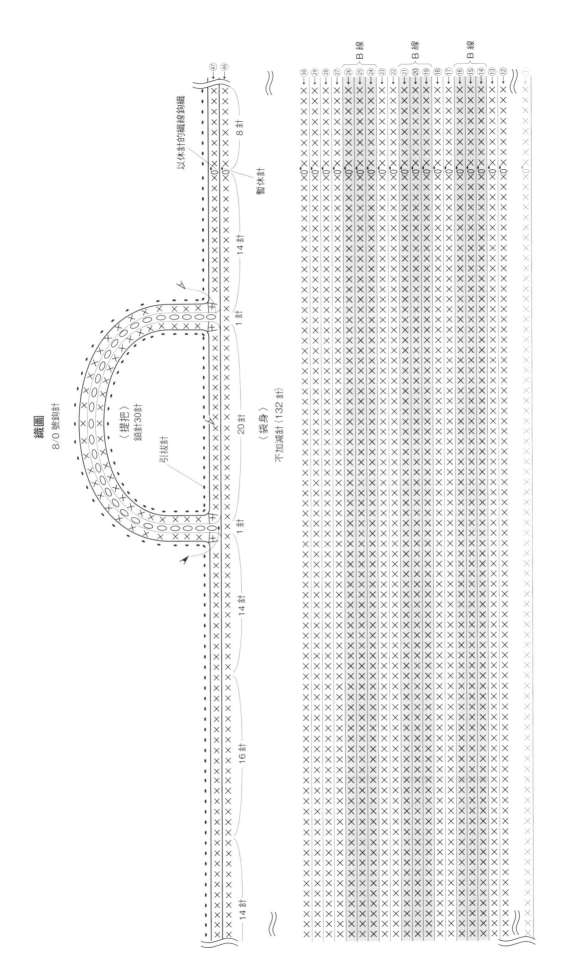

織圖

8/0 號金鉤針

〈提把〉
鎖針30針

引拔針

〈袋身〉
不加減針 (132針)

以休針的織線鉤織

暫休針

8針
14針
1針
20針
1針
14針
16針
14針

B線
B線
B線

Hemp yarn bag * 08

圓角裝飾雙色提包

>>> P.21

● 線材
A線＝Crochet Jute〈細〉2球
B線＝Crochet Jute〈細〉
　　　色號#7（黑色）3球

● 針
10/0 號鉤針

● 密度
短針11.5針13段＝10cm正方形

● 織法
取1條織線，皆以10/0號鉤針鉤織。

❶取A線鎖針起針14針，在鎖針上挑針進行輪編，以短針與鎖針鉤織38針，依織圖在4處織入鎖針進行加針，鉤到第7段，完成袋底。

❷接續鉤織袋身，不加減針鉤至第30段之後，改以B線鉤織2段。一邊鉤織第33段一邊在2處加入提把基底的鎖針29針。第34段織到提把基底時，挑鎖針正面的2條線鉤織短針。鉤至第35段後剪線。

❸鉤織提把內側，依織圖在指定位置接上B線，在鎖針裡山挑針，其中2處進行減針，鉤織2段短針。以相同方式鉤織另一側的提把內側。

❹鉤織袋底的圓形裝飾織片，取B線進行輪狀起針，織入8針短針，依織圖加針至第5段，共製作4片。

❺接縫裝飾織片，如圖示將立起針的位置貼齊本體袋底，縫合固定。

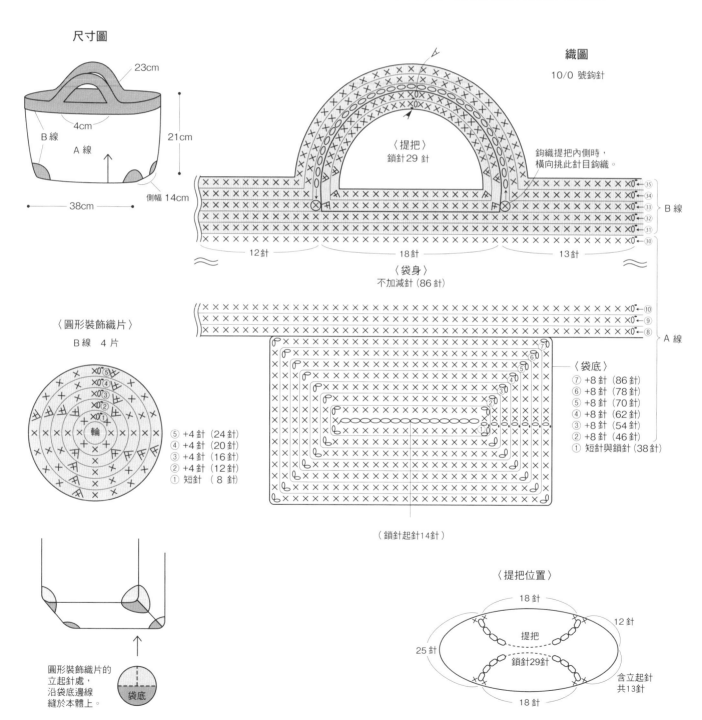

尺寸圖

23cm
4cm
B線
A線
21cm
側幅 14cm
38cm

〈圓形裝飾織片〉
B線 4片

輪
⑤ +4針（24針）
④ +4針（20針）
③ +4針（16針）
② +4針（12針）
① 短針 （8針）

織圖
10/0 號鉤針

〈提把〉
鎖針29針

鉤織提把內側時，
橫向挑此針目鉤織。

12針　18針　13針

〈袋身〉
不加減針（86針）

〈袋底〉
⑦ +8針（86針）
⑥ +8針（78針）
⑤ +8針（70針）
④ +8針（62針）
③ +8針（54針）
② +8針（46針）
① 短針與鎖針（38針）

B線
A線

（鎖針起針14針）

圓形裝飾織片的
立起針處，
沿袋底邊線
縫於本體上。

袋底

〈提把位置〉
18針
12針
提把
25針
鎖針29針
含立起針
共13針
18針

50

Hemp yarn bag * 10

直條紋水桶包

>>> P.23

● 線材
A線＝Crochet Jute〈細〉2球
B線＝Crochet Jute〈細〉
　　　色號#5（綠色）3球

● 針
8/0 號鉤針

● 密度
短針12針15段＝10cm正方形

● 織法
取1條織線，皆以8/0號鉤針鉤織。
❶取A線進行輪狀起針，織入7針短針，依織圖加針鉤至第12段，完成袋底。
❷鉤織袋身，取A線鎖針起針28針，以往復編鉤6段短針後，改以B線鉤6段。每6段換線
　鉤織，直到第84段。將起針段與收針段對齊，以A線進行捲針縫。
❸鉤織84針短針接合袋底與袋身。接著沿袋口也鉤1段短針。
❹鉤織提把，取A線鎖針起針6針，頭尾接合成圈，不鉤立起針，以輪編鉤織56段短
　針。共製作2條。
❺將提把縫於包包本體的指定位置。

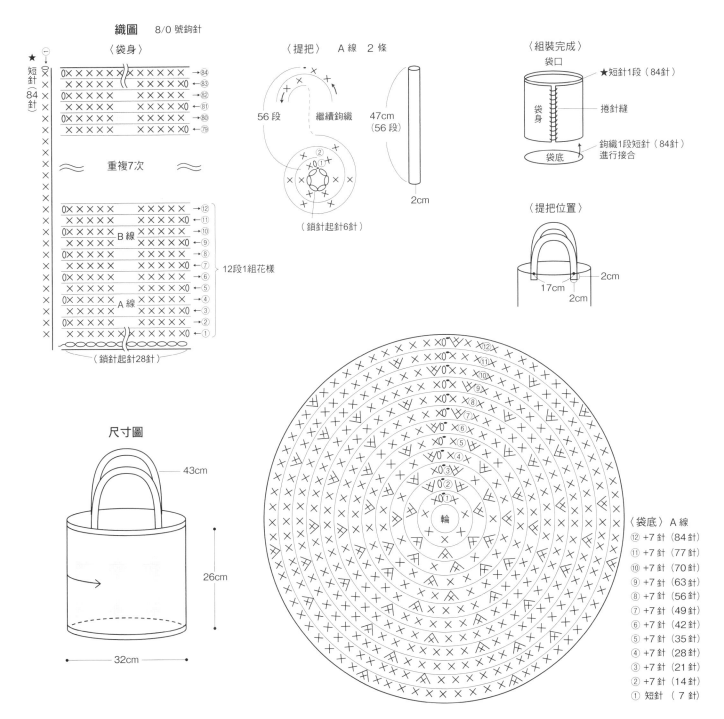

織圖　　8/0 號鉤針

〈袋身〉

★
短針（84針）

→ 84
← 83
→ 82
← 81
→ 80
← 79

重複7次

→ 12
← 11
→ 10　B線
← 9
→ 8
← 7
→ 6
← 5
→ 4　A線
→ 3
← 2
→ 1

12段1組花樣

（鎖針起針28針）

〈提把〉　A線　2條

56 段　　繼續鉤織

47cm
（56 段）

2cm

（鎖針起針6針）

〈組裝完成〉

袋口

★短針1段（84針）

袋身

捲針縫

袋底

鉤織1段短針（84針）
進行接合

〈提把位置〉

2cm

17cm

2cm

尺寸圖

43cm

26cm

32cm

輪

〈袋底〉A線
⑫ +7針（84針）
⑪ +7針（77針）
⑩ +7針（70針）
⑨ +7針（63針）
⑧ +7針（56針）
⑦ +7針（49針）
⑥ +7針（42針）
⑤ +7針（35針）
④ +7針（28針）
③ +7針（21針）
② +7針（14針）
① 短針　（ 7 針）

51

大蝴蝶結托特包

>>> P.22

◉ 線材
A線＝Crochet Jute〈細〉2球
B線＝Crochet Jute〈細〉
色號＃3（藍色）2球

◉ 針
8/0 號鉤針

◉ 密度
短針11.5針13段＝10cm正方形

◉ 織法
取1條織線，皆以8/0號鉤針鉤織。

❶取A線鎖針起針30針，以輪編鉤織62針短針，第2段兩端各加3針，一邊加針一邊鉤織完成袋底。

❷接續鉤織袋身，不加減針鉤至第26段。完成後剪線。

❸依織圖在指定位置接上A線，鉤織提把基底的鎖針45針後，引拔固定。在基底鎖針上挑針，鉤織5段短針，並且在本體上引拔接合。將完成的提把中段對摺，進行捲針縫。以相同方式鉤織另一側提把。

❹取B線鎖針起針33針開始鉤織蝴蝶結，以往復編不加減針鉤織長針8段，取70cm長的B線綁住中央。

❺取A線鎖針起針3針，以往復編不加減針鉤針短針11段，織片置於蝴蝶結中央包捲綁線處，背面以捲針縫固定。

❻將步驟❺的蝴蝶結縫於本體的指定位置。

尺寸圖

織圖
8/0 號鉤針

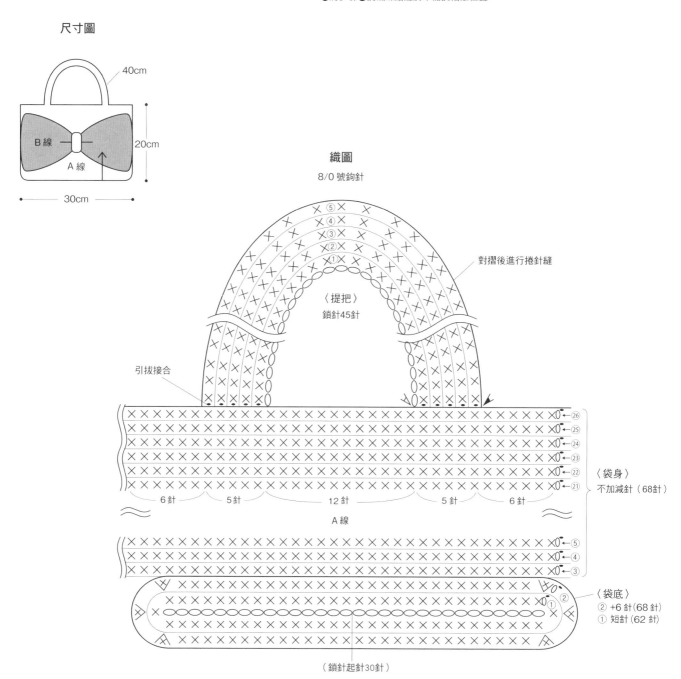

織圖　8/0 號鉤針

〈蝴蝶結〉B 線

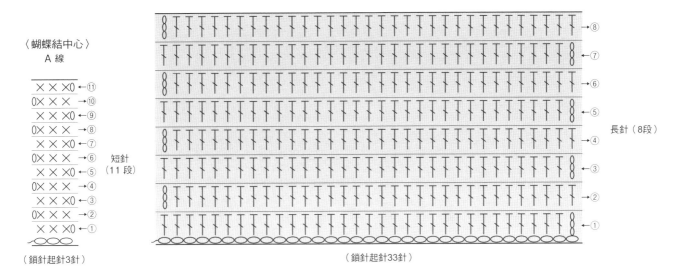

〈蝴蝶結中心〉
A 線

（鎖針起針3針）

短針
（11 段）

長針（8段）

（鎖針起針33針）

〈蝴蝶結〉

15cm

15cm

以70cm長的B線綁住中央，
不需處理線頭。

〈蝴蝶結位置〉

10cm

20cm

15cm

30cm

捲繞蝴蝶結中心，
於背面進行捲針縫。

蝴蝶結背面

以保留的B線線頭，
縫於提包本體。

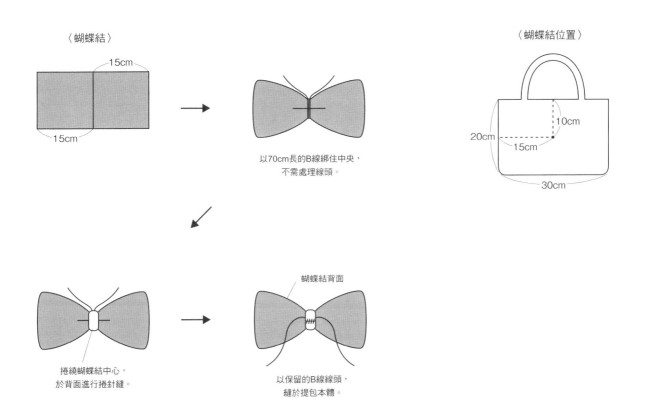

Hemp yarn bag * 11

艾倫花樣風
手拿包

>>> P.24

◉ 線材
A線＝Crochet Jute〈細〉1.5球
B線＝Crochet Jute〈細〉
　　　色號#7（黑色）2球

◉ 針
8/0 號鉤針

◉ 其他資材
金屬釦（直徑23cm）1顆
厚紙（長7x寬5cm）1張
手縫針‧手縫線

◉ 密度
短針12.5針15段＝10cm正方形
花樣編14針16段＝10cm正方形

◉ 織法
取1條織線，皆以8/0號鉤針鉤織。

❶取A線鎖針起針26針，以輪編鉤織54針短針，依織圖在兩端加針，鉤織3段，完成袋底。

❷接續鉤織袋身，不加減針鉤織25段。

❸鉤織袋蓋。取B線在袋身b側挑31針，依織圖以往復編鉤織花樣編24段。完成後，沿袋蓋鉤引拔針（兩個角落鉤織鎖針）作為緣編。

❹取B線鎖針起針70針，製作綁繩。鉤織起點與鉤織終點的線頭都要預留長一點。鉤織完成後，以鉤織終點的線頭縫在本體的指定位置。

❺取B線，如圖示完成流蘇穗飾。

❻將金屬釦縫於本體的指定位置。

尺寸圖

20cm
30cm

B線
A線

〈穗飾〉B線

7cm
5cm

7×5cm 厚紙
取B線繞線15次

上方綁緊

綁繩鉤織起點的線頭穿入縫針，接縫穗飾頂端。

綁繩的線頭穿入至此，確實綁緊。

剪開下端，修剪整齊。

織圖　8/0 號鉤針

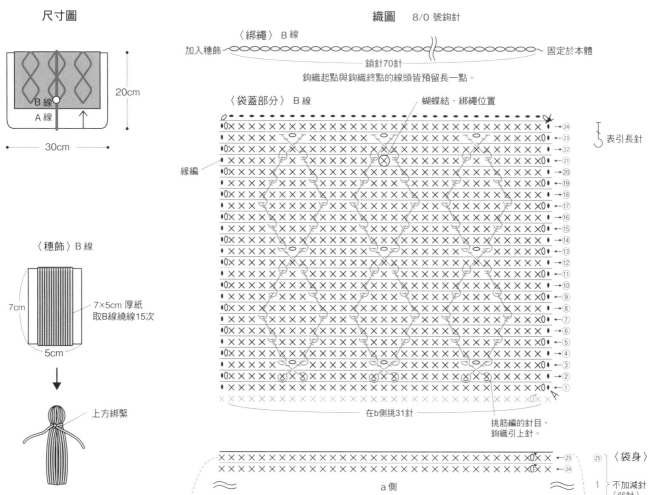

〈綁繩〉B線
加入穗飾
鎖針70針
固定於本體
鉤織起點與鉤織終點的線頭皆預留長一點。

〈袋蓋部分〉B線
蝴蝶結‧綁繩位置
表引長針
緣編
在b側挑31針
挑筋編的針目，鉤織引上針。

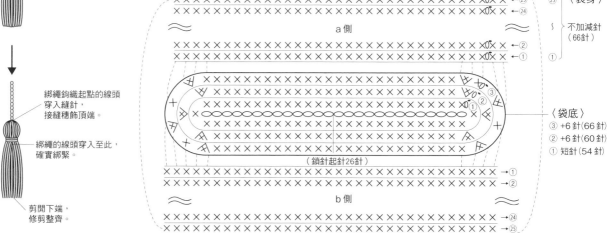

〈袋身〉
不加減針
（66針）

a 側
b 側

（鎖針起針26針）

〈袋底〉
③ +6針（66針）
② +6針（60針）
① 短針（54針）

Hemp yarn bag * 13

繽紛橫紋小肩包

>>> P. 26

● 線材
A線＝Crochet Jute〈細〉1球
B線＝Crochet Jute〈細〉
　色號#6（靛色）0.5球
C線＝Crochet Jute〈細〉
　色號#4（胭脂紅）1球
D線＝Crochet Jute〈細〉
　色號#1（白色）1球
E線＝Crochet Jute〈細〉
　色號#5（綠色）0.5球

● 針
7/0 號鉤針

● 其他資材
磁釦（大）1組
手縫針・手縫線

● 密度
短針12針14段＝10cm正方形

● 織法
取1條織線，皆以7/0號鉤針鉤織。
❶取A線鎖針起針25針，以輪編鉤織52針短針，第2段分別在兩端加針，完成本體袋底。
❷依織圖接續鉤織袋身，以各色織線交替，不加減針鉤織27段。完成後，依織圖以A線進行緣編。
❸鉤織花樣織片，取D線進行輪狀起針，織入6針短針，第2段挑第1段短針針頭內側一條線鉤織。第3段則是改以C線，挑D線的第1段短針針頭內側一條線。
❹鉤織釦帶，取A線鎖針起針15針，以輪編鉤織32針短針，第2段分別在兩端加針。完成後，一端縫上花樣織片，並且在背面接縫磁釦。
❺釦帶另一端縫於本體。配合長度，在本體縫上另一片磁釦。
❻取A線鉤織背帶，3鎖針與2長針的玉針為一組花樣，總共鉤織49組花樣，將背帶兩端縫於本體即完成。

尺寸圖

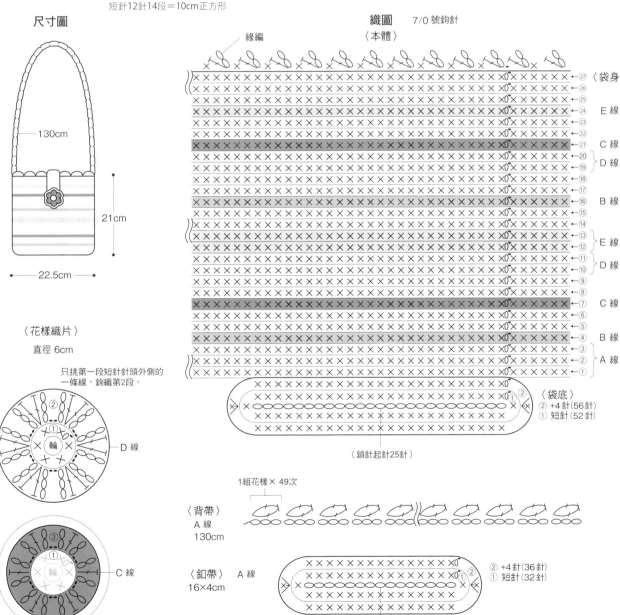

130cm

21cm

22.5cm

〈花樣織片〉
直徑 6cm

只挑第一段短針針頭外側的一條線，鉤織第2段。

D 線

C 線

只挑D線第一段的短針針頭內側一條線鉤織。

〈織圖〉　7/0 號鉤針
〈本體〉

緣編

〈袋身〉
E 線
C 線
D 線
B 線
E 線
D 線
C 線
B 線
A 線

〈袋底〉
② +4針（56針）
① 短針（52針）

（鎖針起針25針）

1組花樣×49次

〈背帶〉
A 線
130cm

〈釦帶〉 A 線
16×4cm

② +4針（36針）
① 短針（32針）

（鎖針起針15針）

Hemp yarn bag ＊ 12
彩織袋蓋提籃包
>>> P.25

◉ 線材
A線＝Crochet Jute〈粗〉4.5球
B線＝Crochet Jute〈細〉
　　　色號＃4（胭脂紅）2球
C線＝Crochet Jute〈細〉
　　　色號＃5（綠色）1球

◉ 針
10/0 號鉤針・8/0 號鉤針

◉ 密度
短針10.5針11段＝10cm正方形

◉ 織法
取1條織線，本體與提把以10/0號鉤針，袋蓋以8/0號鉤針鉤織。

❶ 鉤織本體，取A線輪狀起針，織入6針短針，依織圖加針鉤至14段，完成袋底。接著不加減針鉤織22段袋身。

❷ 鉤織提把，取A線鎖針起針3針，以往復編鉤織48段短針。織完後，兩端預留6段，中段如圖對摺進行藏針縫。以相同方式製作2條，縫於本體的指定處。

❸ 鉤織織片袋蓋，取B線鎖針起針100針，頭尾接合成圈，依織圖鉤織正面側3段，剪線。再依織圖的指定位置接B線，一邊鉤織背面側的5段，一邊作出提把穿入口。接下來取B線鉤織6片花樣織片，以C線鉤4片織片，依圖示分別接合於袋蓋正面側。

❹ 將袋蓋套在本體袋口處。

尺寸圖

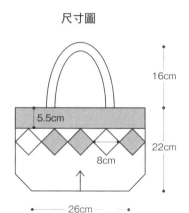

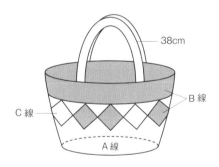

織圖　　10/0 號鉤針

〈提把〉　　2條
A 線

短針
（48 段）

（鎖針起針3針）

〈提把安裝方法〉

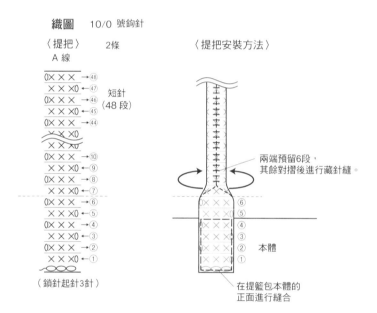

兩端預留6段，
其餘對摺後進行藏針縫。

本體

在提籃包本體的
正面進行縫合

〈提把位置〉

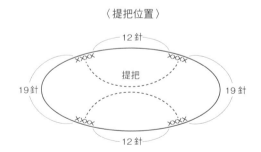

提把

12針
12針
19針
19針

織圖

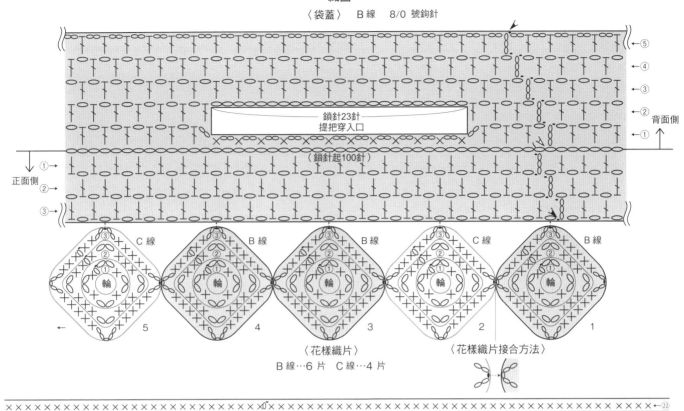

〈袋蓋〉 B 線 8/0 號鉤針

鎖針23針
提把穿入口

(鎖針起100針)

正面側

背面側

C 線
B 線
B 線
C 線
B 線

輪 輪 輪 輪 輪

5 4 3 2 1

〈花樣織片〉
B 線…6 片 C 線…4 片

〈花樣織片接合方法〉

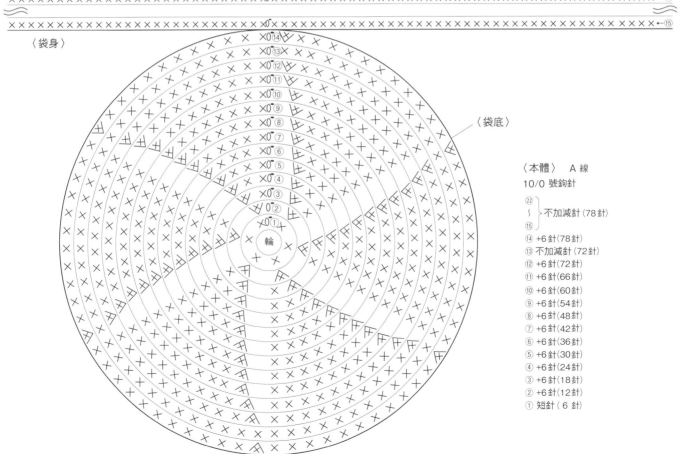

〈袋身〉

〈袋底〉

輪

〈本體〉 A 線
10/0 號鉤針

㉒
～ } 不加減針（78針）
⑮

⑭ +6針（78針）
⑬ 不加減針（72針）
⑫ +6針（72針）
⑪ +6針（66針）
⑩ +6針（60針）
⑨ +6針（54針）
⑧ +6針（48針）
⑦ +6針（42針）
⑥ +6針（36針）
⑤ +6針（30針）
④ +6針（24針）
③ +6針（18針）
② +6針（12針）
① 短針（ 6 針）

Hemp yarn bag * 14

女孩兒的
斜背郵差包

>>> P.27

◉ 線材
A線＝Crochet Jute〈細〉2球
B線＝Crochet Jute〈細〉
　　　　色號#4（胭脂紅）2球

◉ 針
8/0 號鉤針

◉ 其他資材
磁釦（大）1組
雙環（25cm）2個
手縫針、手縫線

◉ 密度
短針12針13.5段＝10cm正方形

◉ 織法
取1條織線，皆以8/0號鉤針鉤織。
❶ 取A線鎖針起針10針，以輪編鉤織23針短針，依織圖加針鉤織12段，完成袋底。
❷ 接續鉤織袋身，第13至15段不加減針，第16段改換B線，依織圖進行加針。
❸ 第17至24段依織圖鉤織短針、筋編、中長針的花樣編。第25段換回A線，依織圖鉤至第26段。
❹ 第27段先鉤提把基底的鎖針15針後，鉤織立起針，依織圖鉤織55針短針並且在2處進行減針。另一側的提把基底則是鉤鎖針120針，再挑針織短針。接著繼續鉤第28段與提把。
❺ 在短提把組裝雙環，以A線縫合固定。
❻ 在本體的指定位置縫上磁釦。

尺寸圖

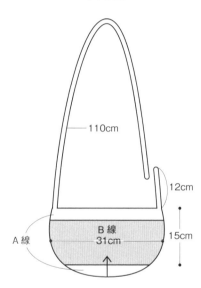

110cm

12cm

A 線

B 線
31cm

15cm

〈雙環組裝方法〉

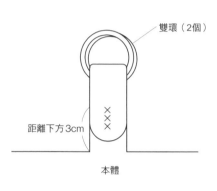

雙環（2個）

距離下方3cm

本體

織圖　　8/0 號鉤針

〈袋底〉
⑫ +4針（81針）
⑪ +8針（77針）
⑩ +4針（69針）
⑨ +8針（65針）
⑧ 不加減針（57針）
⑦ +8針（57針）
⑥ +4針（49針）
⑤ 不加減針（45針）
④ +8針（45針）
③ +8針（37針）
② +6針（29針）
① 短針（23針）

（鎖針起針10針）

織圖

8/0 號鉤針

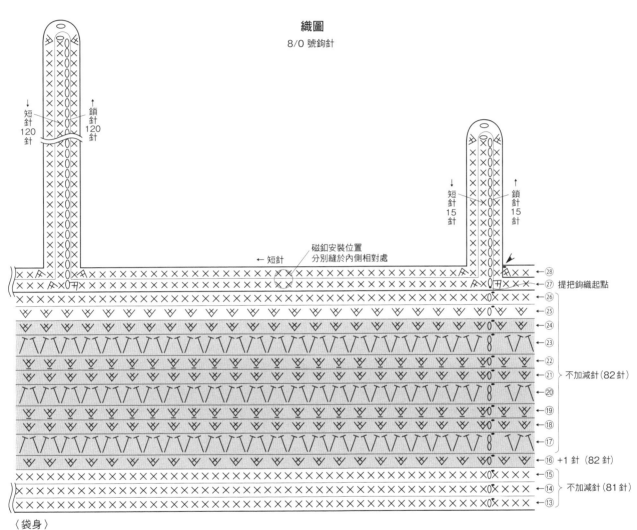

↓短針120針　↑鎖針120針

↓短針15針　↑鎖針15針

磁釦安裝位置
分別縫於內側相對處

← 短針

← ㉘
← ㉗ 提把鉤織起點
← ㉖
← ㉕
← ㉔
← ㉓
← ㉒
← ㉑ 不加減針（82針）
← ⑳
← ⑲
← ⑱
← ⑰
← ⑯ +1針（82針）
← ⑮
← ⑭ 不加減針（81針）
← ⑬

〈袋身〉

Hemp yarn bag * 15

亮彩小圓提包

>>> P.28

● 線材
粉紅色＝Crochet Jute〈細〉
　　　　色號#2（粉紅色）4.5球
藍色＝Crochet Jute〈細〉
　　　　色號#3（藍色）4.5球
綠色＝Crochet Jute〈細〉
　　　　色號#5（綠色）4.5球

● 針
8/0 號鉤針

● 密度
短針12針13.5段＝10cm正方形

● 織法
取1條織線，皆以8/0號鉤針鉤織。
❶輪狀起針織入6針短針，依織圖加針鉤織16段，完成袋底。
❷接續鉤織袋身，不加減針鉤織5段。第22至29段依織圖減針，不加減針鉤織2段後，
　第32段在2處鉤織提把基底的鎖針35針，並繼續鉤織第33段。
❸第34段先鉤織引拔針9針（圖①）→在前1段下方鉤1針引拔針（圖②）→鉤織12針短
　針（圖③）→鉤1針引拔針（圖④）。繼續以短針鉤織提把內側（圖⑤）→鉤12針引
　拔針（圖⑥）。在1段上方鉤織2針引拔針（圖⑦）→繼續鉤19針引拔針（圖⑧）。
　另一側提把同樣依圖示②至⑧的步驟鉤織。

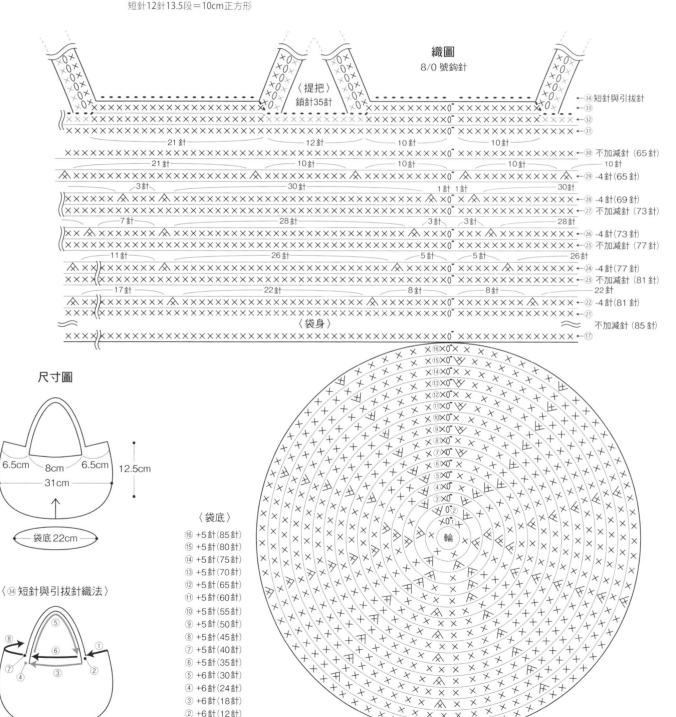

織圖
8/0 號鉤針

〈提把〉
鎖針35針

←㉞ 短針與引拔針

←㉝
←㉜
←㉛

21針　　12針　　10針　　10針　←㉚ 不加減針（65針）
21針　　10針　　10針　　10針　←㉙ -4針（65針）
3針　　30針　　1針 1針　　30針　←㉘ -4針（69針）
←㉗ 不加減針（73針）
7針　　28針　　3針 3針　　28針　←㉖ -4針（73針）
←㉕ 不加減針（77針）
11針　　26針　　5針 5針　　26針　←㉔ -4針（77針）
←㉓ 不加減針（81針）
17針　　22針　　8針　　8針　　22針　←㉒
←㉑ -4針（81針）

〈袋身〉
←⑰ 不加減針（85針）

尺寸圖

6.5cm　8cm　6.5cm　　12.5cm
31cm

袋底22cm

〈㉞短針與引拔針織法〉

〈袋底〉
⑯ +5針（85針）
⑮ +5針（80針）
⑭ +5針（75針）
⑬ +5針（70針）
⑫ +5針（65針）
⑪ +5針（60針）
⑩ +5針（55針）
⑨ +5針（50針）
⑧ +5針（45針）
⑦ +5針（40針）
⑥ +5針（35針）
⑤ +6針（30針）
④ +6針（24針）
③ +6針（18針）
② +6針（12針）
① 短針（6針）

Hemp yarn bag * 17

引拔針裝飾線的
日常托特包

>>> P.30

◉ 線材
Crochet Jute〈細〉2球

◉ 針
8/0 號鉤針

◉ 密度
袋底＝短針13針14段＝10cm正方形
袋身＝短針12針14段＝10cm正方形

◉ 織法
取1條織線，皆以8/0號鉤針鉤織。
❶鎖針起針20針，以往復編鉤織16段短針，完成袋底。
❷在袋底針目與織段上挑針，不加減針鉤織24段袋身後暫休針。
❸依織圖在指定位置接上別線，鉤織提把基底的鎖針36針後，在指定處鉤引拔固定。另一側同樣鉤36針鎖針後進行引拔。
❹在鎖針的指定位置接上別線，一邊以短針鉤織提把內側2段一邊減針，依織圖鉤2段引拔針，收針處進行鎖針接縫。另一側提把以相同方式鉤織短針與引拔針。
❺取步驟❷暫休針的線，沿袋口與提把外側鉤織2段短針，繼續依織圖鉤4段引拔針（提把外側鉤2段），收針處進行鎖針接縫。

尺寸圖

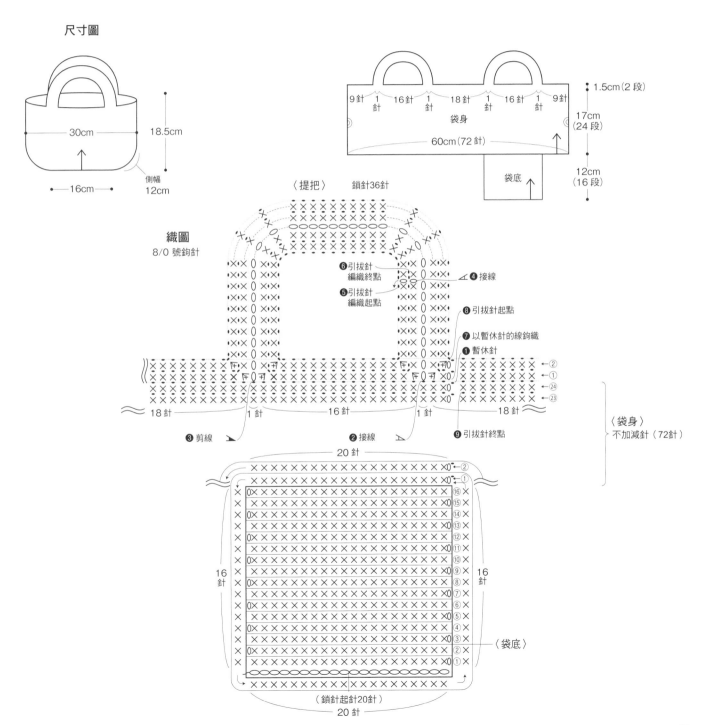

61

Hemp yarn bag * 16

花樣編肩背包

>>> P.29

◉ 線材
Crochet Jute〈細〉
色號#6（靛色）7球

◉ 針
8/0 號鉤針

◉ 密度
短針13針14段＝10cm正方形

◉ 織法
取1條織線，皆以8/0號鉤針鉤織。
❶鎖針起針12針，以輪編鉤織28針短針，依織圖加針鉤織8段，完成袋底。
❷接續鉤織袋身，在第3段與第6段加針，鉤織18段。
❸繼續依織圖鉤織13段花樣編，再鉤3段短針。完成後剪線。
❹在指定位置接線，鉤織提把，依織圖減針鉤至第8段，第9至34段不加減針。另一側同樣鉤織34段，收針段對齊進行捲針縫。
❺沿袋口與提把鉤織短針，進行緣編。

尺寸圖

〈組合提把〉

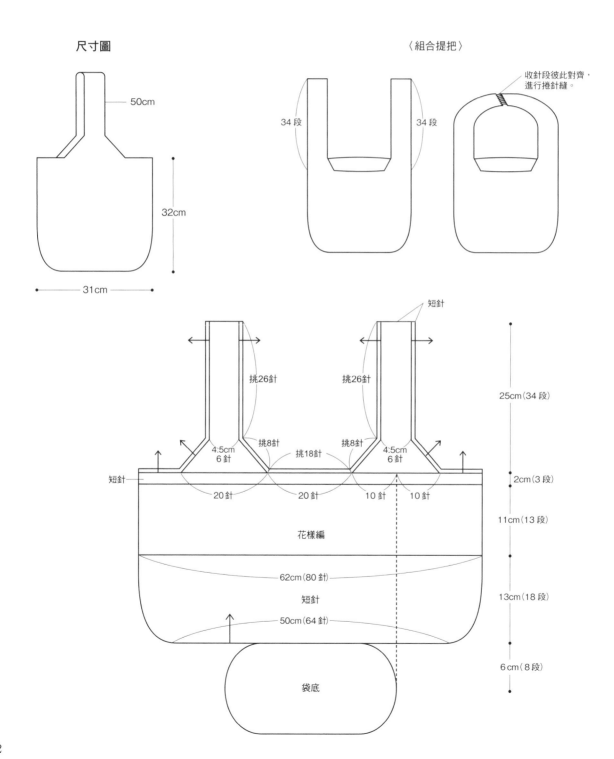

62

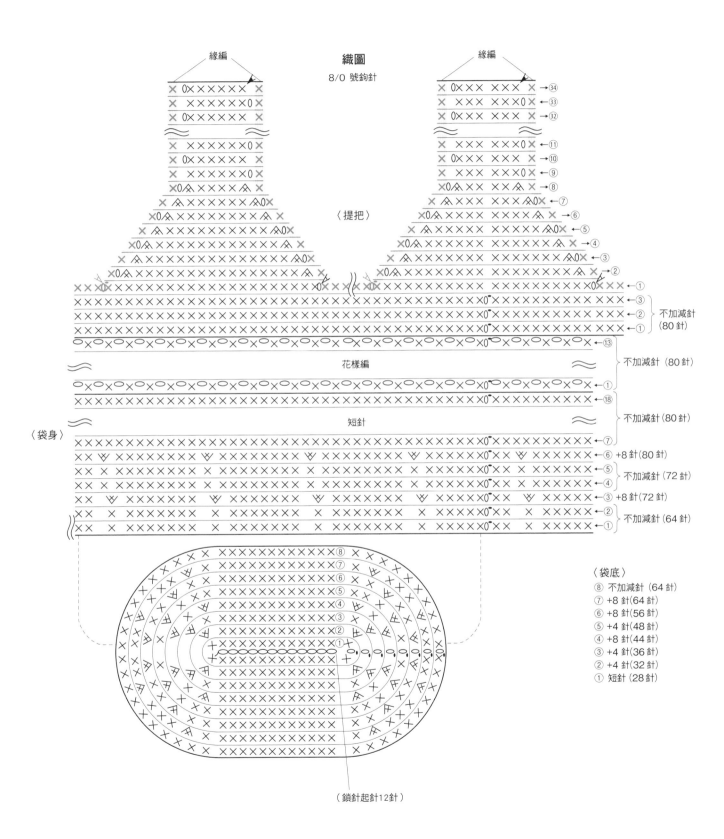

織圖
8/0 號鉤針

緣編

〈提把〉

不加減針
(80 針)

不加減針 (80 針)

花樣編

不加減針 (80 針)

短針

〈袋身〉

+8 針(80 針)
不加減針 (72 針)
+8 針(72 針)
不加減針 (64 針)

〈袋底〉
⑧ 不加減針 (64 針)
⑦ +8 針(64 針)
⑥ +8 針(56 針)
⑤ +4 針(48 針)
④ +8 針(44 針)
③ +4 針(36 針)
② +4 針(32 針)
① 短針 (28 針)

（鎖針起針12針）

63

Hemp yarn bag * 18

圓形馬爾歇包

>>> P.31

◉ 線材
Crochet Jute〈細〉2球

◉ 針
8/0 號鉤針

◉ 密度
短針12針13.5段＝10cm正方形
中長針13針13段＝10cm正方形

◉ 織法
取1條織線，皆以8/0號鉤針鉤織。

❶輪狀起針織入6針短針，依織圖加針鉤織18段，完成袋底。

❷接續鉤織袋身，不加減針鉤5段，第24段至26段鉤中長針，第27段至31段一邊鉤織短針一邊減針。

❸第32段鉤織13針短針後，接著鉤織提把基底的鎖針24針，跳過前段10針，再鉤27針短針。繼續鉤織另一側提把基底的鎖針24針，跳過前段10針，鉤13針短針。

❹第33至37段一邊鉤織短針一邊在4處減針。

❺最終段鉤織13針引拔針後，將一側提把對摺疊合，鉤織14針引拔針縫合固定。繼續鉤織27針引拔針，另一側提把同樣鉤織14針引拔針縫合後，再鉤13針引拔針即完成。

織圖　8/0 號鉤針

〈提把〉
鎖針24針

27針　　跳過10針　　13針　　13針

〈袋身〉

←㊲ -4針(81針)
←㊱ -4針(85針)
←㉟ -4針(89針)
←㉞ -4針(93針)
←㉝ -4針(97針)
←㉜ (101針)

←㉛ -4針(73針)
←㉚ -4針(77針)
←㉙ -8針(81針)
←㉘ -8針(89針)
←㉗ (97針)

←㉖ -8針(97針)

㉕ ㉔ 不加減針 (105針)

㉓ ㉒ ㉑ ⑲ 不加減針 (105針)

尺寸圖

11cm　10cm　11cm　15cm
40cm

袋底 28cm

〈袋身〉
⑱ +5針(105針)
⑰ +5針(100針)
⑯ +5針(95針)
⑮ +6針(90針)
⑭ +6針(84針)
⑬ +6針(78針)
⑫ +6針(72針)
⑪ +6針(66針)
⑩ +6針(60針)
⑨ +6針(54針)
⑧ +6針(48針)
⑦ +6針(42針)
⑥ +6針(36針)
⑤ +6針(30針)
④ +6針(24針)
③ +6針(18針)
② +6針(12針)
① 短針(6針)

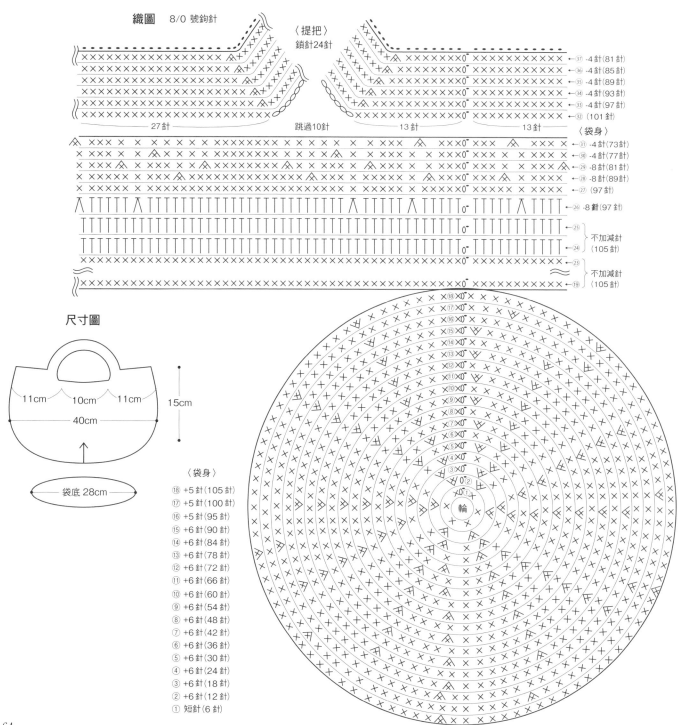

Hemp yarn bag * 19

方眼編四角手袋

>>> P.31

◉ 線材
Crochet Jute〈粗〉2球

◉ 針
10/0 號鉤針

◉ 密度
短針8.5針10段＝10cm正方形
方眼編3x3.5組花樣＝10cm正方形

◉ 織法
取1條織線，皆以10/0號鉤針鉤織。
❶鎖針起針14針，以輪編鉤織短針與鎖針36針，依織圖加針鉤織4段，完成袋底。
❷接續鉤織袋身，第5段鉤短針，第6至11段依織圖鉤織方眼編，第12段再鉤織短針。
❸本體兩側各預留8針作為側幅，其餘針目分別以往復編鉤織短針，完成2側提把，第4段加入10針鎖針作出提把開口，再鉤織7段。

尺寸圖

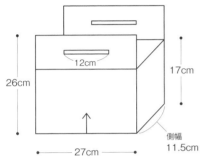

26cm
12cm
17cm
27cm
側幅
11.5cm

織圖　10/0 號鉤針

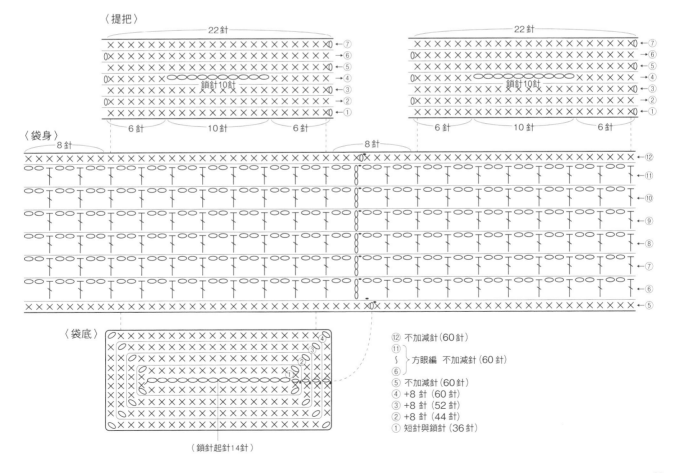

〈提把〉
22針
鎖針10針
6針　10針　6針
⑦⑥⑤④③②①

〈袋身〉
8針　8針
⑫⑪⑩⑨⑧⑦⑥⑤

〈袋底〉
（鎖針起針14針）

⑫ 不加減針（60針）
⑪
〜〉方眼編　不加減針（60針）
⑥
⑤ 不加減針（60針）
④ +8 針（60針）
③ +8 針（52針）
② +8 針（44針）
① 短針與鎖針（36針）

Hemp yarn bag * 20

蝴蝶結背帶包

>>> P.32

◉ 線材
Crochet Jute〈細〉4球

◉ 針
8/0 號鉤針

◉ 密度
短針13針16段＝10cm正方形

◉ 織法
取1條織線，皆以8/0號鉤針鉤織。

❶ 鉤織本體，鎖針起針50針，以往復編不加減針鉤74段短針。

❷ 織片正面相對，依圖示鉤織短針，縫合本體兩側，對齊合印記號作出側幅。

❸ 看著本體織片正面，在縫合袋身的短針上挑針，鉤織背帶基底的鎖針110針後，在另一側的側幅引拔固定。沿本體挑袋口的短針與背帶鎖針的半針，依織圖鉤3段短針。另一側以同樣方式鉤織。

❹ 鉤織蝴蝶結，鎖針起針90針，以往復編不加減針鉤5段短針，再以引拔針鉤織一圈。

❺ 蝴蝶結中心綁帶為鎖針起針5針，以往復編不加減針鉤16段短針。

❻ 調整蝴蝶結形狀，疊在背帶上，以蝴蝶結中心綁帶包覆後，在背面進行捲針縫固定。

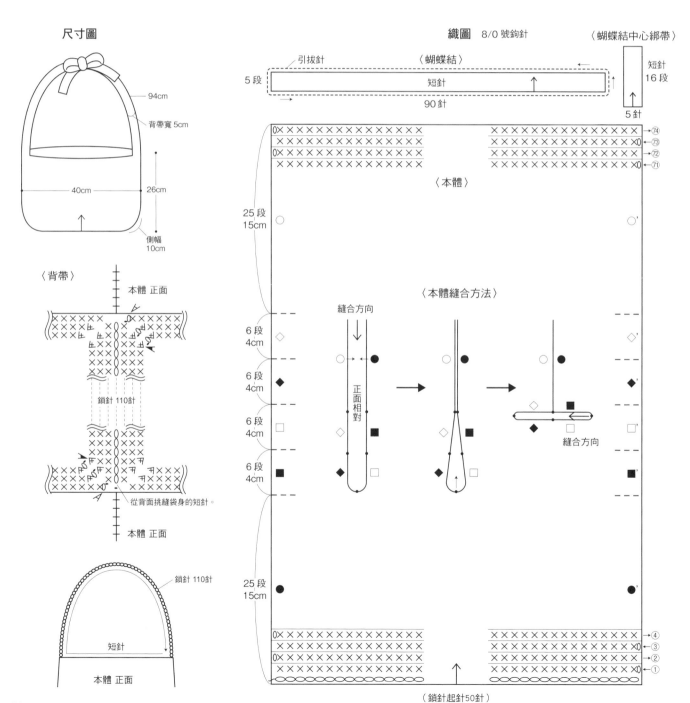

尺寸圖

94cm
背帶寬 5cm
26cm
40cm
側幅 10cm

〈背帶〉

本體 正面

鎖針 110針

從背面挑縫袋身的短針。

本體 正面

鎖針 110針

短針

本體 正面

織圖　8/0 號鉤針

〈蝴蝶結中心綁帶〉
短針 16 段
5針

引拔針　〈蝴蝶結〉
5 段　短針
90針

〈本體〉

25 段 15cm

〈本體縫合方法〉

縫合方向

正面相對

縫合方向

6 段 4cm
6 段 4cm
6 段 4cm
6 段 4cm

25 段 15cm

（鎖針起針50針）

Hemp yarn bag * 22

優雅簡約的
松編托特包

>>> P.34

◉ 線材
Crochet Jute〈細〉2球

◉ 針
7/0 號鉤針

◉ 密度
短針13針14段＝10cm正方形
花樣編13針7段＝10cm正方形

◉ 織法
取1條織線，皆以7/0號鉤針鉤織。
❶ 鎖針起針21針，以輪編鉤織48針短針，依織圖加針鉤織5段，完成袋底。
❷ 接續鉤織袋身，以松編鉤織14段，第15段依織圖鉤織中長針與短針。第16至19段鉤織短針。
❸ 鉤織提把，第1段先鉤1針短針，再鉤織提把基底的鎖針25針，跳過前段20針，挑針鉤織21針短針。再鉤織另一側提把基底的鎖針25針，同樣跳過前段20針，再鉤織短針。第2至4段繼續鉤織短針。提把第2段是挑鎖針裡山鉤織。
❹ 依織圖在指定位置接線，沿提把內側鉤織1段短針。另一側以相同方式鉤織。

尺寸圖

33.5cm

30cm

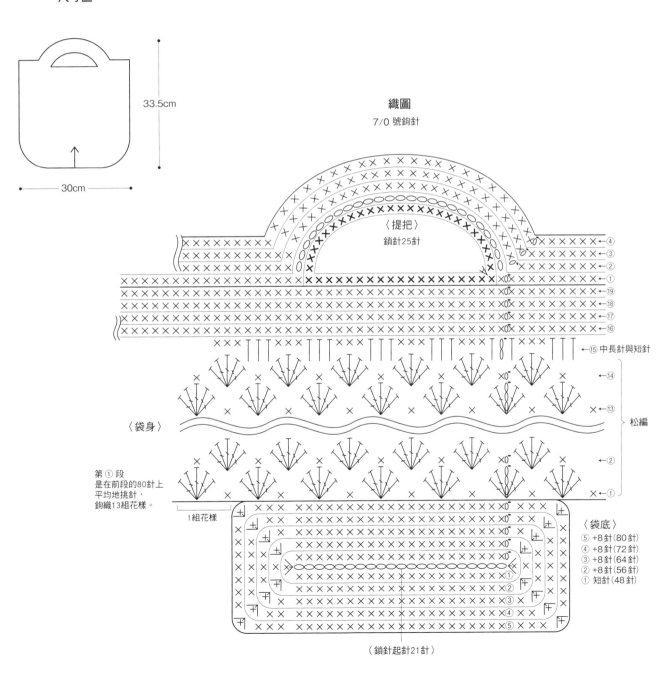

織圖
7/0 號鉤針

〈提把〉
鎖針25針

←④
←③
←②
←①
←19
←18
←17
←16
←⑮ 中長針與短針
←⑭
←⑬
松編

〈袋身〉

←②
←①

第 ① 段
是在前段的80針上
平均地挑針，
鉤織13組花樣。

1組花樣

〈袋底〉
⑤ +8針(80針)
④ +8針(72針)
③ +8針(64針)
② +8針(56針)
① 短針(48針)

（鎖針起針21針）

67

Hemp yarn bag * 21

翻領裝飾的
自然原色小提包

>>> P.33

◉ 線材
A線＝Crochet Jute〈粗〉3球
B線＝Crochet Jute〈細〉1球

◉ 針
10/0 號鉤針・8/0 號鉤針

◉ 密度
A線＝短針10.5針12段＝10cm正方形

◉ 織法
取1條織線，本體使用10/0鉤針，領狀織片與提把使用8/0號鉤針鉤織。

❶取A線鎖針起針19針，以輪編鉤織42針短針，依織圖加針鉤織4段，完成袋底。

❷接續鉤織袋身，以往復編鉤織短針，第2段為止不加減針，第3段進行加針，第4段至
20段同樣不加減針。

❸取B線鉤織領狀織片，依織圖在指定位置接線，在袋身的最終段挑針，看著織片背面
以往復編鉤織3段。領尖是在長針或3針鎖針上挑束鉤織短針。完成後翻回正面。

❹鉤織提把，取B線鎖針起針60針，以往復編鉤織5段短針。完成後將第1段與第5段對
齊，鉤織引拔針與鎖針縫合固定。以相同方式製作2條提把。鉤織起點與終點的線頭
預留長一點。

❺以提把鉤織起點與終點的線頭，縫於包包本體的指定處。

尺寸圖

43cm
36cm
36cm
17cm
25.5cm

〈提把位置〉

11針
3針 3針
提把
20針 20針
3針 3針
11針

翻起衣領織片
縫合提把

袋身
3段

以提把鉤織起點與
鉤織終點的線段，
在背面側縫合。

織圖

8/0 號鉤針

〈提把〉 B線 2條

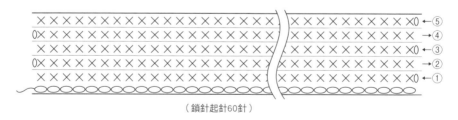

（鎖針起針60針）

〈提把縫合方法〉

對齊第1段與第5段，
以引拔針與鎖針縫合固定。

織圖

〈領尖〉

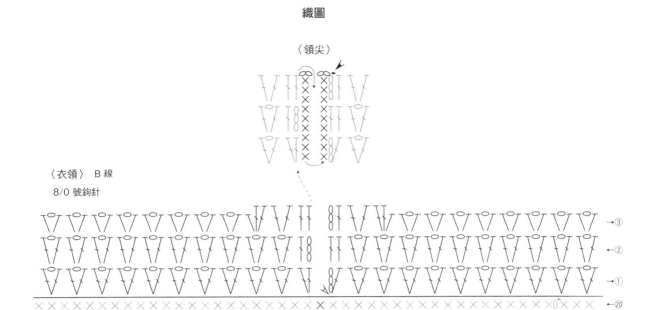

〈衣領〉 B 線

8/0 號鉤針

→③
←②
→①
←⑳

在本體挑針鉤織

中央

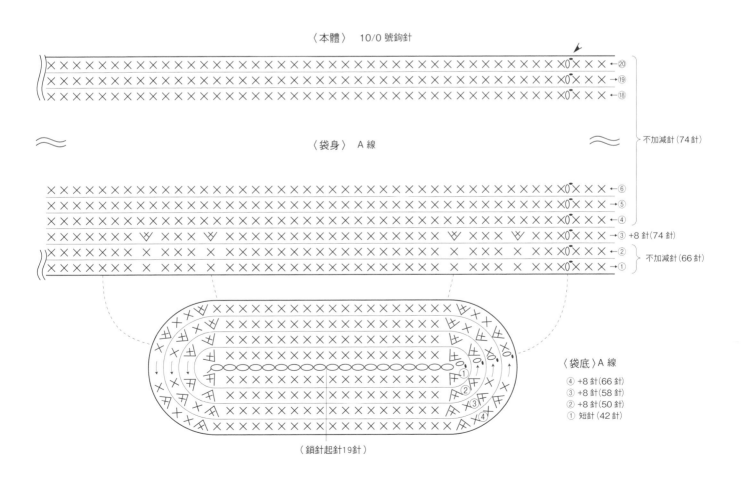

〈本體〉 10/0 號鉤針

←⑳
→⑲
⑱

不加減針(74針)

〈袋身〉 A 線

←⑥
→⑤
④
→③ +8針(74針)
←②
→① 不加減針(66針)

〈袋底〉A 線
④ +8針(66針)
③ +8針(58針)
② +8針(50針)
① 短針(42針)

（鎖針起針19針）

69

Hemp yarn bag * 23

玉針花樣的
迷你馬爾歇包

>>> P.35

◉ 線材
Crochet Jute〈細〉3球

◉ 針
8/0 號鉤針

◉ 密度
短針12針13段＝10cm正方形

◉ 織法
取1條織線,皆以8/0號鉤針鉤織。
❶ 輪狀起針,依織圖鉤織16針花樣編,加針鉤織7段,完成袋底。玉針皆挑束鉤織。
❷ 接續依織圖花樣編鉤織袋身,在第2與第4段加針,鉤織8段。
❸ 第9至16段不加減鉤織短針,最後鉤織一圈引拔針。
❹ 鉤織提把,鎖針起針42針,以輪編鉤織短針88針,第2段在兩端加針。完成後如圖示
對摺提把,兩端各預留4cm後進行捲針縫。共製作2條。
❺ 將提把縫於包包本體的指定處。

尺寸圖

38cm

38cm

19cm

袋底19cm

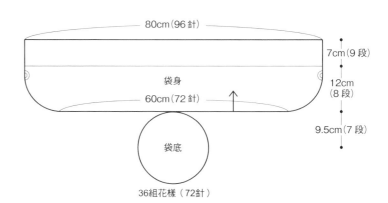

80cm（96針）

袋身

60cm（72針）

7cm（9 段）

12cm
（8 段）

9.5cm（7 段）

袋底

36組花樣（72針）

〈提把位置〉

縫合提把

11cm　15cm　11cm

織圖

8/0 號鉤針

〈提把〉　2 條

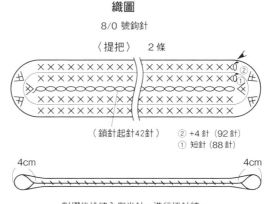

（鎖針起針42針）　② +4 針（92 針）
① 短針（88 針）

4cm　　　　　　　　　　4cm

對摺後挑縫內側半針,進行捲針縫。

織圖　8/0 號鉤針　　　　　　　　　　　　　　　　　　　　　　　　〈袋身〉

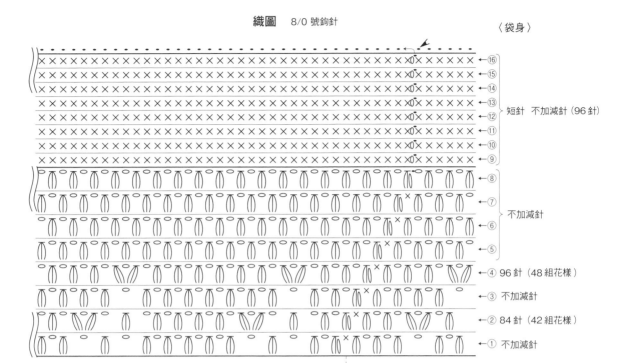

短針　不加減針（96針）

←⑯
←⑮
←⑭
←⑬
←⑫
←⑪
←⑩
←⑨

不加減針

←⑧
←⑦
←⑥
←⑤

④ 96針（48組花樣）
←③ 不加減針
←② 84針（42組花樣）
←① 不加減針

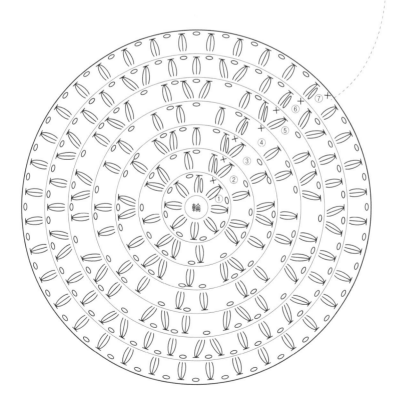

〈袋底〉
⑦ 不加減針
⑥ 72針（36組花樣）
⑤ 54針（27組花樣）
④ 不加減針
③ 36針（18組花樣）
② 24針（12組花樣）
① 16針（8組花樣）

Hemp yarn bag ＊ 24

蕾絲口袋
直長方托特包

>>> P.36

◉ 線材
A線＝Crochet Jute〈細〉3球
B線＝Crochet Jute〈細〉
　　　色號＃5（綠色）3.5球

◉ 針
8/0 號鉤針

◉ 其他資材
合成皮提把
（長約40cm・棕色）1組
手縫針・手縫線

◉ 密度
花樣編13針12段＝10cm正方形

◉ 織法
取1條織線，皆以8/0號鉤針鉤織。
❶ 鉤織本體，取A線鎖針起針30針，以輪編鉤織62針短針，第2段以往復編鉤織，依織圖在兩端各加3針，完成袋底。
❷ 鉤織袋身，依織圖以往復編鉤織花樣編，不加減針鉤至第32段，第33段不加減針鉤織短針。
❸ 鉤織口袋，取B線鎖針起針70針，頭尾接合成圈，以輪編鉤織1段短針。第2段開始依織圖以往復編鉤織花樣編至第13段。
❹ 口袋直接以環狀套入本體袋身，將縫線穿過口袋起針針目與短針的交界處，以半回針縫將口袋縫於本體。
❺ 取A線依織圖鉤織鈕釦，以口袋第13段鉤織的3鎖針作為釦眼，對齊後縫於本體。
❻ 將合成皮革提把縫於本體的指定處。

尺寸圖

〈口袋・鈕釦位置〉

鈕釦

口袋

袋身第13段
鉤織3鎖針
作為釦眼

半回針縫

袋身3段

〈提把位置〉

6.5cm　　　6.5cm

29cm

14.5cm

28cm

織圖　　8/0 號鉤針

〈本體〉A線

〈袋身〉

〈鈕釦〉A線

第2段的針頭
穿線後收緊

〈袋底〉
② +6針（68針）
① 短針（62針）

〈鎖針起針30針〉

〈口袋〉B線

〈鎖針起針70針〉

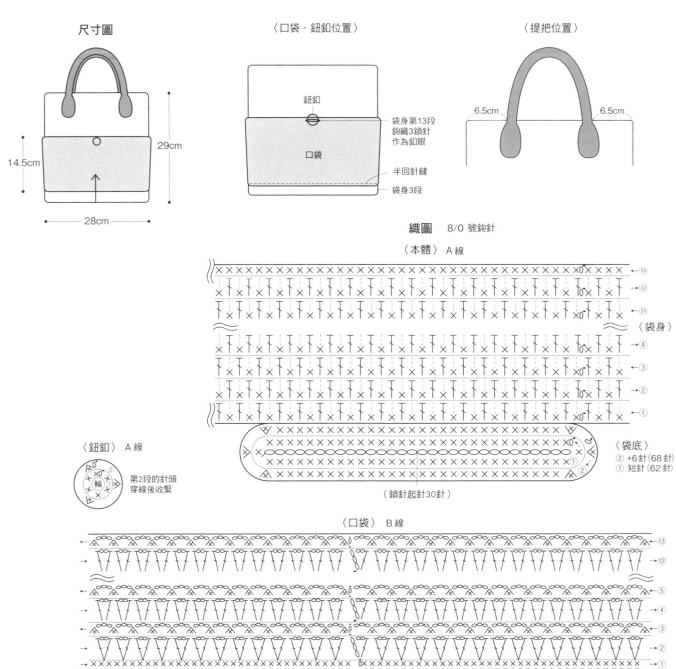

Hemp yarn bag * 25

蕾絲織片托特包

>>> P.37

◉ 線材
A線＝Crochet Jute〈細〉2球
B線＝Crochet Jute〈細〉
　　　色號＃1（白色）1球

◉ 針
7/0 號鉤針

◉ 其他資材
真皮提帶
（寬2cm長48cm，杏色）2條
白膠・錐子

◉ 密度
筋編11針12段＝10cm正方形

◉ 織法
取1條織線，皆以7/0號鉤針鉤織。
❶ 取A線鎖針起針25針，以輪編鉤織56段短針，依織圖加針鉤織4段，完成袋底。
❷ 鉤針上的線圈拉大，穿入毛線球之後拉緊，不剪線，直接往側邊渡線，在指定處引拔固定，鉤1針立起針，接下來一邊包覆渡線，一邊以筋編鉤織袋身26段。第27段鉤逆短針。
❸ 取B線依織圖鉤織花樣織片，大、小各一片。
❹ 在花樣織片背面刷塗白膠，視整體平衡黏貼在包包本體。
❺ 真皮提帶兩端如圖示以錐子打出4個縫孔，疊在包包本體的指定位置，將縫線穿過縫孔，牢牢地縫於本體上。

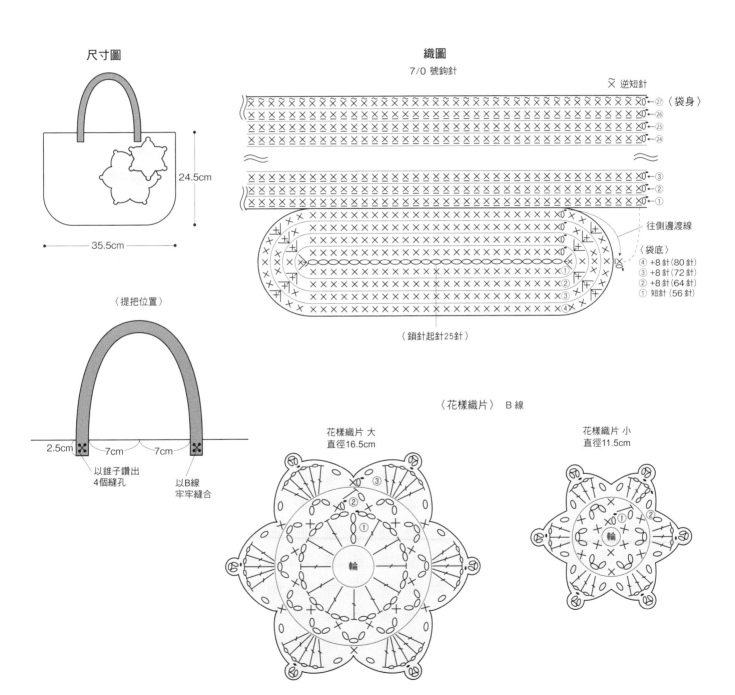

尺寸圖

24.5cm

35.5cm

〈提把位置〉

2.5cm　7cm　7cm

以錐子鑽出
4個縫孔

以B線
牢牢縫合

織圖
7/0 號鉤針

⊠ 逆短針

〈袋身〉
㉗ ㉖ ㉕ ㉔
③ ② ①

往側邊渡線

〈袋底〉
④ +8針（80針）
③ +8針（72針）
② +8針（64針）
① 短針（56針）

（鎖針起針25針）

〈花樣織片〉 B線

花樣織片 大
直徑16.5cm

花樣織片 小
直徑11.5cm

73

Hemp yarn bag * 26

圖騰風
竹節手提包

>>> P.38

● 線材
A線＝Crochet Jute〈細〉2球
B線＝Crochet Jute〈細〉
　　色號#6（靛色）2球

● 針
10/0 號鉤針・8/0 號鉤針

● 其他資材
竹提把（高15x長18.5cm）1組

● 密度
花樣編13針14段＝10cm正方形
織入花樣13針13段＝10cm正方形

● 織法
取1條織線，以指定的針號進行鉤織。
❶使用10/0號鉤針，取A線鎖針起針35針，以輪編鉤織短針與鎖針80針，接下來依織圖進行往復編，鉤織短針與鎖針。在4處加針鉤至第4段，第5段減針，完成袋底。
❷改換8/0號鉤針，接續鉤織袋身，不加減針鉤織1段。第7至21段取B線依織圖織入圖案。進行織入圖案時，織片不翻面，皆為看著織片正面以輪編鉤織。第22段改回A線鉤織。
❸第23至27段使用10/0號鉤針，以往復編鉤織短針與鎖針。
❹在袋身的第27段挑50針，依織圖以往復編鉤織短針與鎖針至第35段，第36段減針，接著不加減針鉤織長針至第39段，鉤織完成後剪線，線頭預留長一點。另一側接線後，同樣在第27段挑針鉤織50針，完成後剪線。
❺以37至39段包覆竹提把，將39段的針頭與37段的針腳對齊，以鉤織終點預留的織線縫合，固定提把。

尺寸圖

A 線

B 線

29cm

39cm

側幅
16cm

〈提把安裝方法〉

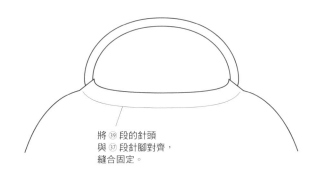

將 ㊴ 段的針頭
與 ㊲ 段針腳對齊，
縫合固定。

織圖　　10/0 號鉤針

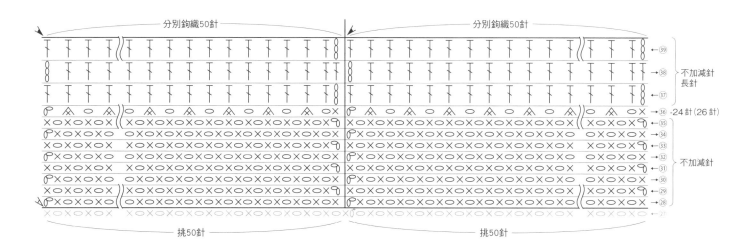

分別鉤織50針

分別鉤織50針

←㊴
→㊳　不加減針
←㊲　長針

→㊱ -24針（26針）
←㉟
→㉞
←㉝
→㉜　不加減針
←㉛
→㉚
←㉙
→㉘
←㉗

挑50針

挑50針

織圖

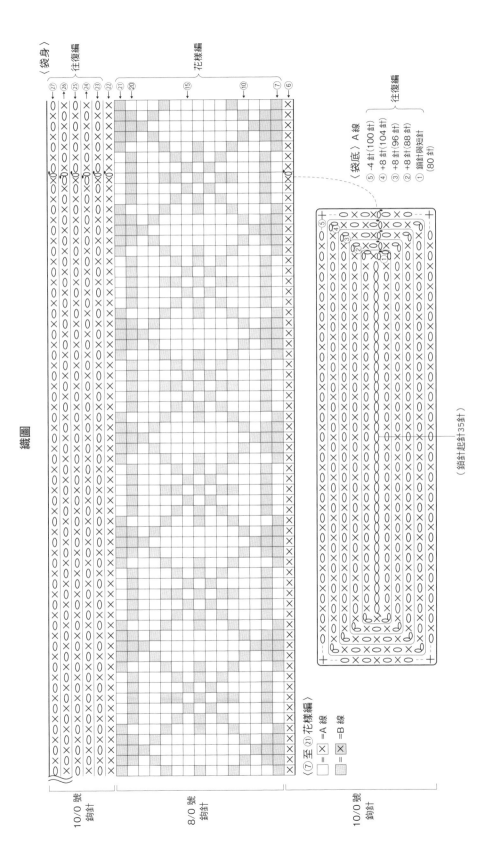

〈袋身〉

往復編

花樣編

往復編

〈袋底〉A線
⑤ -4 針（100 針）
④ +8 針（104 針）
③ +8 針（96 針）
② +8 針（88 針）
① 鎖針與短針（80 針）

（鎖針起針 35 針）

10/0 號
鈎針

8/0 號
鈎針

10/0 號
鈎針

〈⑦ 至 ㉑ 花樣編〉
□ = □ = A線
□ = ⊠ = B線

Hemp yarn bag * 27

黑白雙色小肩包

>>> P.39

◉ 線材
A線＝Crochet Jute〈細〉1球
B線＝Crochet Jute〈細〉
色號#7（黑色）7球

◉ 針
8/0 號鉤針

◉ 其他資材
包包用金屬鍊
（1m・銀色）1條

◉ 密度
短針15針15段＝10cm正方形

◉ 織法
取1條織線，皆以8/0號鉤針鉤織。
❶ 鉤織斜紋織片，取A線鎖針起針2針，依織圖在兩端加針，以往復編鉤織3段短針後，改以B線鉤織，同樣在兩端加針鉤織4段。每4段換線鉤織至第32段。第7、12、22、27、32段不加減針。
❷ 第33至44段，每一段皆在右端減針，左端加針。第45至72段在兩端減針。第65、68、72段不加減針。
❸ 鉤織黑色織片，取B線鎖針起針40針，以往復編不加減針鉤織60段短針。
❹ 將斜紋與黑色織片的起針段，以及兩側長邊對齊，以捲針縫接合。
❺ 將包包本體對摺，視整體平衡決定安裝金屬鍊的位置。

尺寸圖

39cm

28cm

〈本體・黑色〉

→60
←59
→58

B線
短針
不加減針

←③
→②
←①

（鎖針起針40針）

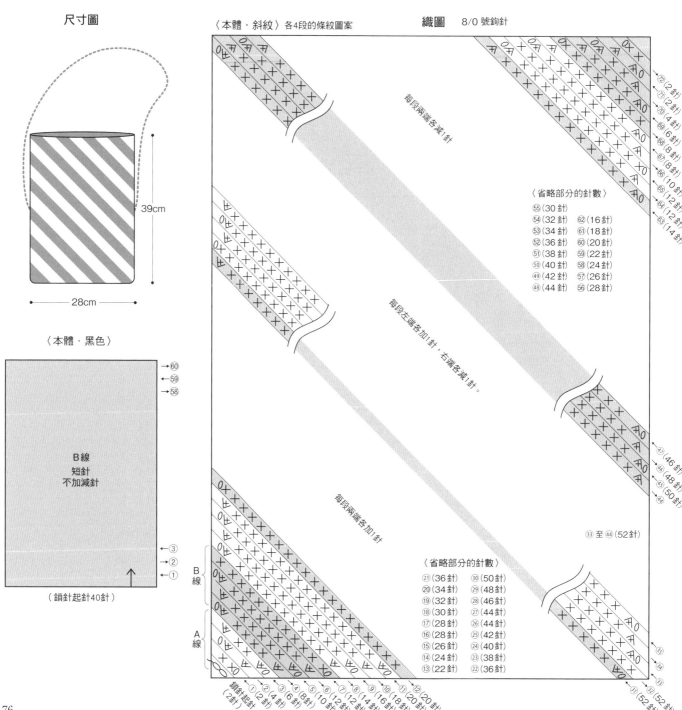

〈本體・斜紋〉各4段的條紋圖案

織圖　8/0 號鉤針

每段兩端各減1針

〈省略部分的針數〉
㊺(30針)
㊴(32針)　㊽(16針)
㊼(34針)　㊶(18針)
㊼(36針)　⑥(20針)
㊿(38針)　㊾(22針)
⑤(40針)　㊸(24針)
㊾(42針)　㊷(26針)
㊽(44針)　㊻(28針)

⑦(2針)
⑦(2針)
⑦(4針)
㊾(6針)
㊿(8針)
㊼(8針)
㊻(10針)
㊽(12針)
㊼(12針)
㊽(14針)

每段左端各加1針，右端各減1針。

㊼(46針)
㊼(48針)
㊼(50針)

③③ 至 ㊶(52針)

每段兩端各加1針

〈省略部分的針數〉
㉑(36針)　㉚(50針)
⑳(34針)　㉙(48針)
⑲(32針)　㉘(46針)
⑱(30針)　㉗(44針)
⑰(28針)　㉖(44針)
⑯(28針)　㉕(42針)
⑮(26針)　㉔(40針)
⑭(24針)　㉓(38針)
⑬(22針)　㉒(36針)

B線

A線

鎖針起針
（2針）
①(2針)
②(4針)
③(6針)
④(8針)
⑤(10針)
⑥(12針)
⑦(12針)
⑧(14針)
⑨(16針)
⑩(18針)
⑪(20針)
⑫(20針)

③③(52針)
㉝(52針)
㉞

Hemp yarn bag * 28

鏤空窗格
馬爾歇包

>>> P.39

◉ 線材
Crochet Jute〈細〉3球

◉ 針
8/0 號鉤針

◉ 其他資材
提把用布
（寬3cm，長115cm，原色）2條
內袋用布（48x35cm，原色）1片
縫紉工具

◉ 密度
短針13針14段＝10cm正方形

◉ 織法
取1條織線，皆以8/0號鉤針鉤織。
❶鎖針起針20針，以輪編鉤織42針短針，依織圖加針鉤織10段，完成袋底。
❷接續鉤織袋身，不加減針鉤織7段，完成後剪線。
❸第8至第10段分別在3個指定處接線，以往復編鉤織作出方形鏤空裝飾，完成後剪
　線。第11段在織圖的「立起針位置」接線，輪編鉤至第12段，再次剪線。第13至15
　段同樣分別在3個指定處接線，以往復編鉤織作出方形鏤空裝飾，完成後剪線。
❹第16段是在織圖的「立起針位置」接線，鉤織至第20段。
❺鉤織提把，鎖針起針49針，依織圖交互鉤織鎖針與長針。共製作2條。
❻將提把縫在包包本體的指定位置，並且纏上提把用布。
❼依圖示以內袋用布製作成袋，縫於本體內側。

尺寸圖

45cm

16cm

31cm

側幅
15cm

〈內袋作法〉

縫份
1.5cm

48cm

35cm

〈袋底〉

袋底

縫製側幅

4cm

〈提把位置〉

接縫提把之後
纏上提把用布

8針　　8針

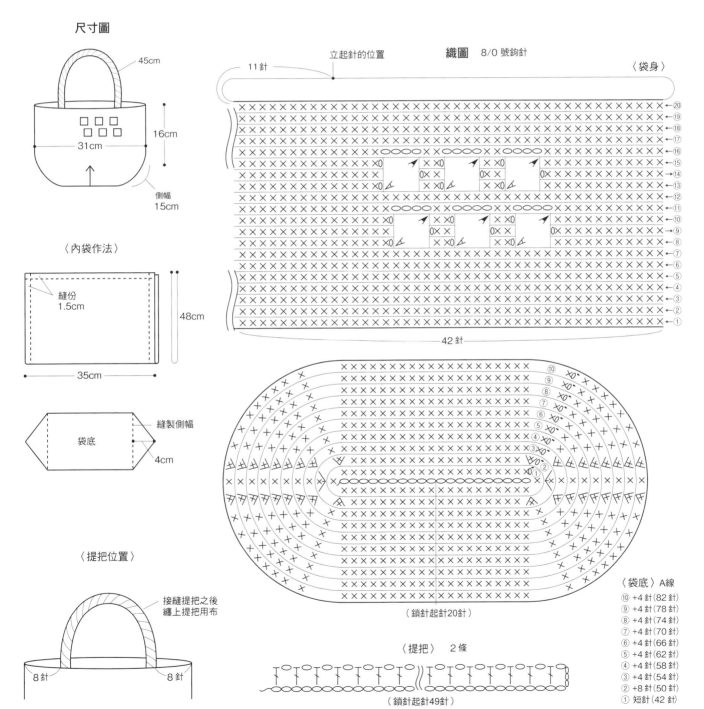

立起針的位置

11針

織圖　8/0 號鉤針

〈袋身〉

42針

〈鎖針起針20針〉

〈袋底〉A線

⑩ +4針（82針）
⑨ +4針（78針）
⑧ +4針（74針）
⑦ +4針（70針）
⑥ +4針（66針）
⑤ +4針（62針）
④ +4針（58針）
③ +4針（54針）
② +8針（50針）
① 短針（42針）

〈提把〉　2條

〈鎖針起針49針〉

77

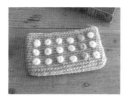

圓點織片
自然風波奇包

>>> P.40

◉ 線材
A線＝Crochet Jute〈細〉1球
B線＝Crochet Jute〈細〉
　　　色號 #1（白色）1球

◉ 針
8/0 號鉤針・4/0 號鉤針

◉ 其他資材
拉鍊（長20cm，白色）1條
手縫針・手縫線

◉ 密度
短針13針14段＝10cm正方形

◉ 織法
取1條織線，波奇包本體使用8/0號鉤針，圓形織片使用4/0號鉤針。
❶取A線鎖針起針22針，以輪編鉤織46針短針，第2段依織圖加針鉤織，完成袋底。
❷接續鉤織袋身，不加減針鉤織17段。
❸拉鍊以半回針縫固定於波奇包袋口。
❹鉤織圓形花樣織片，首先將織線剪成70cm長的線段，A線1條，B線5條。分別將撚線狀態的織線鬆開，每一條線分成3股細線（共18條）。接著以一股細線進行輪狀起針，織入6針短針，第2段依織圖加針鉤織。分別以A線製作3個，以B線製作15個。
❺在波奇包本體的指定位置，分別以藏針縫縫上18個圓形花樣織片。

尺寸圖

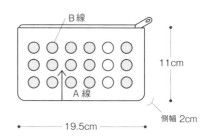

B線

11cm

A線

側幅 2cm

19.5cm

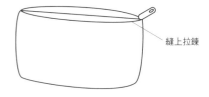

縫上拉鍊

〈圓形花樣織片位置〉

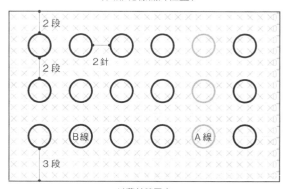

2段

2針

2段

3段

B線

A線

以藏針縫固定

〈圓形花樣織片〉
4/0 號鉤針

A線…3個
B線…15個

② +6針（12針）
① 短針（6針）

織圖
8/0 號鉤針
〈袋身〉

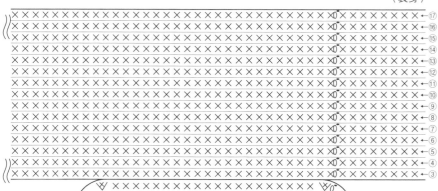

←⑰
←⑯
←⑮
←⑭
←⑬
←⑫
←⑪
←⑩
←⑨
←⑧
←⑦
←⑥
←⑤
←④
←③

〈袋底〉
② +4針（50針）
① 短針（46針）

（鎖針起針22針）

Hemp yarn bag * 30

流蘇墜飾
船形波奇包

>>> P.40

◉ 線材
A線＝Crochet Jute〈細〉1球
B線＝Crochet Jute〈細〉
　　　　色號＃2（粉紅色）2球

◉ 針
8/0 號鉤針

◉ 其他資材
拉鍊（長20cm，棕色）1條
手縫針・手縫線
厚紙（長7×寬5cm）1張

◉ 密度
短針12針12段＝10cm正方形

◉ 織法
取1條織線，皆以8/0號鉤針鉤織。
❶取A線鎖針起針12針，以輪編鉤織26針短針，依織圖加針鉤織4段，完成袋底。
❷接續鉤織袋身，不加減針鉤至第10段。
❸第11段改以B線鉤織，依織圖以花樣編鉤至第13段。第14段鉤織短針。
❹波奇包袋口以半回針縫方式縫上拉鍊。
❺取B線如圖示製作流蘇穗飾，穿過拉鍊頭的孔洞後打結固定。

尺寸圖

B 線
A 線
12cm
7cm
22cm

縫上拉鍊

〈流蘇穗飾〉B 線

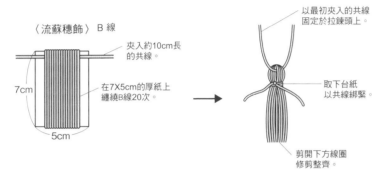

夾入約10cm長
的共線。

在7X5cm的厚紙上
纏繞B線20次。

7cm

5cm

以最初夾入的共線
固定於拉鍊頭上。

取下台紙
以共線綁緊。

剪開下方線圈
修剪整齊。

織圖

8/0 號鉤針

〈袋身〉

⑭ 短針 不加減針（48針）
⑬
⑫ 花樣編
不加減針（48針）
⑪

B 線

⑩
⑨
⑧ 短針
⑦ 不加減針（48針）
⑥
⑤

A 線

〈袋底〉
④ +8針（48針）
③ +8針（40針）
② +6針（32針）
① 短針（26針）

（鎖針起針12針）

【Knit‧愛鉤織】62

原味風格！一日完成‧自然色時尚麻編包

作　者／辰已出版◎編著
譯　者／林麗秀
發 行 人／詹慶和
總 編 輯／蔡麗玲
執行編輯／蔡毓玲
編　輯／劉蕙寧‧黃璟安‧陳姿伶‧李宛真‧陳昕儀
執行美編／周盈汝
美術編輯／陳麗娜‧韓欣恬
出 版 者／雅書堂文化事業有限公司
發 行 者／雅書堂文化事業有限公司
郵撥帳號／18225950
戶　名／雅書堂文化事業有限公司
地　址／新北市板橋區板新路206號3樓
電　話／（02）8952-4078
傳　真／（02）8952-4084
電子郵件／elegantbooks@msa.hinet.net

2019年4月初版一刷　定價350元

1 NICHIDE KANSEI!　OSHARENA ASAHIMO BAG
©TATSUMI PUBLISHING CO., LTD. 2015
Originally published in Japan in 2015 by TATSUMI PUBLISHING
CO., LTD. TOKYO,
Traditional Chinese translation rights arranged through TOHAN
CORPORATION, TOKYO. and KEIO CULTURAL ENTERPRISE CO.,
LTD.

經銷／易可數位行銷股份有限公司
地址／新北市新店區寶橋路235巷6弄3號5樓
電話／（02）8911-0825
傳真／（02）8911-0801

國家圖書館出版品預行編目資料

原味風格!一日完成.自然色時尚麻編包 / 辰已出版
編著；林麗秀譯.
-- 初版. -- 新北市：雅書堂文化, 2019.04
　面；　公分. -- (愛鉤織；62)
ISBN 978-986-302-486-6(平裝)

1.編織 2.手提袋

426.4　　　　　　　　　　　　108004299

[作品設計]

◎amy（&compath） HP：http://andcompath.com/
◎amitagirl ＊ chiiiko HP：amitagirl.com
◎一明真希 HP：http://clover-workshop.com
◎eccomin HP：http://eccomin.com/
◎奧 鈴奈（R＊oom） HP：https://minne.com/room75
◎釘宮啓子 HP：http://copine5.exblog.jp/
◎工房あ〜る HP：http://blog.livedoor.jp/koubou_r/
◎桜井 茜 HP：http://ameblo.jp/bakane4712/
◎トヨヒデカンナ HP：http://knit-c.com/
◎松本明美（la clochette） HP：https://minne.com/la-clochette
◎宮川和美（Sachi） HP：http://ameblo.jp/h-s-sachi
◎吉田裕美子（編み物屋さん[ゆとまゆ]）
　　HP：http://ameblo.jp/doubleychan/
◎Ronique（ロニーク）HP：http://www.ronique.net

[攝影協力]

Studio Est.（スタジオエスト）
http://www.est-st.com/

[工具 & 材料]

本書作品皆使用藤久株式會社（Craft Heart Tokai、Craft Park、Craft
World、Craft Loop）生產的手織線，以及マミーの四季編織工具。
購買線材時，建議一次購足一件作品的使用量。

[STAFF]

攝影／小澤 顕
織圖繪製／鈴木亜矢
作法監修／長谷川惠子
編輯／丸山千品 ナカヤメグミ（株式会社スタンダードスタジオ）
主編／牧野貴志 渡辺 塁 編笠屋俊夫（辰已出版株式会社）

Hemp yarn bag Collection

Hemp yarn bag Collection

Hemp yarn bag Collection

Hemp yarn bag Collection